优质核桃高效生产技术图谱

魏玉君　主编

河南科学技术出版社

· 郑州 ·

图书在版编目（CIP）数据

优质核桃高效生产技术图谱／魏玉君主编. —郑州：河南科学技术出版社, 2018.5
ISBN 978-7-5349-9074-8

Ⅰ. ①优⋯ Ⅱ. ①魏⋯ Ⅲ. ①核桃-果树园艺-图谱
Ⅳ. ①S664.1-64

中国版本图书馆CIP数据核字（2018）第006352号

出版发行：河南科学技术出版社
地址：郑州市经五路66号 邮编：450002
电话：（0371）65737028 65788613
网址：www.hnstp.cn
策划编辑：陈 艳 陈淑芹 编辑信箱：hnstpnys@126.com
责任编辑：陈 艳
责任校对：郭晓仙
封面设计：张德琛
责任印制：朱 飞
印 刷：河南瑞之光印刷股份有限公司
经 销：全国新华书店
幅面尺寸：148 mm×210 mm 印张：6.75 字数：230千字
版 次：2018年5月第1版 2018年5月第1次印刷
定 价：35.00元

如发现印、装质量问题，影响阅读，请与出版社联系并调换。

本书编者名单

主　　编：魏玉君
副 主 编：李高阳　董玉山
编写人员：马贯羊　袁新征　王红彬　王　晶　沈文修　田　丽

前言

　　核桃原产于我国，已有 2 000 多年的栽培历史，是世界四大干果（核桃、榛子、杏仁、腰果）之一。因其经济、生态和社会效益高，现已成为种植极为广泛的重要经济树种，全国 27 个省、市、自治区均有分布，2014 年核桃种植面积 555 万公顷以上，约占全国经济林总面积的 15%，占木本油料面积的 53%；年产量达 271 万吨，无论是面积还是产量均居世界首位。在我国核桃年产值已达 905.85 亿元，有近百万人从事该产业。核桃产业的发展已成为农民特别是山区农民增收、农业增效和农村脱贫致富的重要途径之一。此外，核桃产业对调整农业产业结构、推进生态建设、完善国民营养结构、促进农民就业增收，均具有重要意义。

　　随着生活水平的提高，市场对核桃的需求量不断扩大，加之近几年国家对木本油料树种的重视，以及美丽乡村、"三农"领域的惠民政策等，使核桃种植面积迅速扩大。但由于传统种植模式和小农经济自给自足形式的影响，加之核桃多在山区种植，而山区多为老、弱、妇，文化程度低，专业技术落后，以及种植和管理的随意性等，在核桃生产中出现了诸多问题，如良种化程度低、品种杂乱、重发展轻管理、盲目密植、未科学施肥、早采现象严重等。近几年，随着网络的普及和世界一体化格局的出现，与世界接轨是大趋势，需要推广优质、安全、高效的标准化生产技术体系，以提高坚果的市场竞争能力。

　　我国核桃的生产与世界核桃生产先进国家相比，还有很大的差距。例如，美国在 20 世纪 70 年代就已实现了栽培品种化、管理标准化、操作机械化、产供销一体化，其"钻石"牌核桃风靡全球。为了更好地指导我国核桃生产，提高我国核桃的产量、品质和效益，尽快赶上世界发达国家，全面普及和推广核桃栽培新品种、新技术，我们在多年从事核桃科研和生产实践的基础上，引用大量的最新资料，以图文并茂的形式编著了《优质核桃高效生产技术图谱》一书，期望能给广大核桃生产者提供参考。

本书主要以文字和图谱相结合的形式详细介绍核桃的主要优良品种和高效栽培技术，如高效育苗技术、丰产园建立、土肥水管理、整形修剪、花果管理、病虫害防治等。本着服务核桃种植农民和农林科技推广人员为原则，力求内容科学准确、文字浅显易懂、图片丰富实用，便于核桃种植农民学习和掌握。

在编写中收集了近年来我国核桃科研成果，并结合我们的实践经验，对国内外现有的核桃良种、栽培技术做了详细的介绍，着重以图谱的形式突出实用性、先进性，保证了技术的可操作性。

由于引用文献较多，又受篇幅所限，除书中和参考文献中注明外，其余不再一一列述，在此谨向文献作者表示诚挚的谢意。

由于作者水平有限，书中可能有疏漏和不当之处，恳请同行、专家和广大读者惠予指正。

编者

2017 年 3 月

目录

第一章 概述

核桃是我国重要的传统经济树种之一，栽培历史悠久，分布范围广泛，在我国广大农村的丘陵山区，早已成为脱贫致富的首选树种和农民的重要经济来源，核桃变成了"致富树""摇钱树"。近年来，随着退耕还林、种植结构调整、木本粮油等优惠政策的实施，加之多年来核桃价格稳步上扬，使发展种植核桃的积极性空前高涨。核桃产业的快速发展，有力促进了农村经济结构调整，加快了农民增收致富和新农村建设步伐。

一、 核桃的经济种植价值

1. 营养价值 核桃具有很高的经济价值，核桃仁中含有丰富的脂肪、蛋白质、碳水化合物等营养成分，其中不饱和脂肪酸含量很高，核桃仁中还含有丰富的维生素、矿物质等微量元素，以及许多对人体有特殊生理功效的生物活性物质（图1-1）。核桃可加工成食用油，还可加工成各种食品和饮料，如核桃粉、核桃露等，以及各种滋补品。

2. 食用价值 核桃脂肪中的不饱和脂肪酸含量超过90%，主要为人体必需脂肪酸——亚油酸、亚麻酸及油酸，属于大脑组织细胞结构所需的主要脂肪酸，具有清除脑血管壁中的杂质、提高脑细胞血液供应量及大脑生理功能的作用。核桃中含有丰富的锌元素，是组成脑垂体的关键成分之一。核桃中丰富的脑磷脂、卵磷脂具有很好的补脑作用，是神经细胞新陈代谢的基本物质。核桃仁由此被誉为"脑黄金"，具有健脑益智之功效。

核桃仁中的蛋白质由18种氨基酸组成，人体可吸收性蛋白质占96%以上，其中8种为人体必需氨基酸。美国加州大学的研究证明，核桃中的功能成分可增强血管内皮层细胞的生理功能，从而减少血小板凝聚及血管炎症等病变。核桃中所含的 ω-3 脂肪酸，对预防冠心病、高血压、心血管疾病有显著疗效，具有"动脉清道夫"的美誉。

每100克中所含营养成分

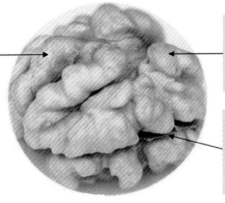

钙：98 毫克
铁：2.91 毫克
磷：346 毫克
钾：441 毫克
锌：3.09 毫克
铜：1.59 毫克
锰：3.41 毫克
镁：158 毫克

能量：654 千卡
蛋白质：15.23 克
脂肪：65.2 克
膳食纤维：6.7 克

泛酸：0.57 毫克
维生素 B6：0.537 毫克
维生素 K：2.7 微克
维生素 E：0.7 毫克
烟酸：1.13 毫克

☑ 补肾填精　☑ 润燥通便
☑ 补血养气　☑ 止咳平喘

健脑益智　延年益寿
预防心脑血管疾病

核桃中含蛋白质、脂肪和碳水化合物，以及丰富的钙、磷、铁、锌和维生素等。1千克核桃仁与大约9千克牛奶、5千克鸡蛋或4千克牛肉的营养价值相当，100克核桃仁产生的热量是同等重量粮食的2倍。

图 1-1　核桃的营养及功效

　　此外，核桃还含有丰富的维生素、多酚、类黄酮、褪黑素等多种功效成分，是世界上公认的保健食品，具有健脑益智、预防心脑血管疾病、抗癌、补肾强体、延年益寿等多种保健功效，故人们把其称为"长寿果"。

　　3. 药用价值　核桃还具有广泛的医疗保健作用。例如，核桃仁可补气养血、温肠补肾、止咳润肺，为常用的补药。常食核桃可益命门，利三焦，散肿毒，通经脉，黑须发，利小便，去五痔。内服核桃青皮（中药称青龙衣）可治慢性气管炎，肝胃气痛；外用治顽癣和跌打外伤。坚果隔膜（中药称分心木）可治肾虚遗精和遗尿。核桃的枝叶入药可治疗多种肿瘤、全身瘙痒等。

　　祖国医学认为，核桃性温、味甘、无毒，有健胃、补血、润肺、养神等功效。20世纪90年代以来，美国等国科学家通过营养学和病理学的研究认为，核桃对于心血管疾病、2 型糖尿病、癌症和神经系统疾病有一定康复治疗和预防效果。

4. 工业价值　核桃木材质地坚硬，纹理细致，伸缩性小，抗冲击力强，不翘不裂，不受虫蛀，是航空、交通和军事工业的重要原料。核桃的树皮、叶子和果实青皮含有大量的单宁，可提取栲胶，用于染料、制革、纺织等行业。果壳可制成优质的活性炭，或用于石材打磨等。

5. 生态价值　核桃树冠多呈半圆形，枝干秀挺，国内外常作为行道树或观赏树种。在山坡丘陵地区栽植，具有涵养水源、保持水土的作用。核桃还是防尘能力很强的环保树种。据测定，成片核桃林在冬季无叶的情况下能减少降尘 28.4%，春季展叶后可减尘 44.7%。西藏核桃古树见图 1–2。

图 1-2　西藏核桃古树（占地 1 亩）

二、　世界核桃生产、贸易概况

1. 生产现状　世界上生产核桃的国家有 53 个（图 1-3），其中亚洲 18 个，欧洲 26 个，美洲 6 个，非洲 2 个，大洋洲 1 个。其中亚洲的主产国有中国、伊朗和土耳其；欧洲的主产国有乌克兰、法国和罗马尼亚；美洲的主产国有美国、墨西哥和智利；非洲的主产国是埃及。亚洲的核桃产量占世界总产量的 72.2%，美洲占 17.4%，非洲和大洋洲的核桃产量很小（表 1-1）。

图 1-3　世界核桃自然分布图

表 1-1　2012 年世界核桃种植面积和产量的洲际分布

洲别	产量（吨）	所占比例（%）	面积（公顷）	所占比例（%）
世界	3 418 559	100	995 040	100
亚洲	2 467 624	72.2	641 314	64.5
欧洲	326 436	9.5	142 948	14.3
美洲	593 380	17.4	194 323	19.5
非洲	28 319	0.83	8 381	0.9
大洋洲	2 800	0.07	8 074	0.8

据联合国粮农组织（FAO）统计，2012 年世界核桃种植面积 99

万公顷，产量 341 万吨。中国、美国、土耳其、伊朗、乌克兰和墨西哥为世界核桃六大生产国，但年产 20 万吨以上的国家有中国、美国和伊朗，占世界总产量的 77%（表 1-2）。

表 1-2　世界及主产国核桃产量　　　　　　　（单位：万吨）

年份	2005 年	2006 年	2007 年	2008 年	2009 年	2010 年	2011 年	2012 年
世界	178.76	176.77	204.75	242.48	264.92	294.65	331.30	341.86
中国	49.91	47.55	63.00	82.86	97.94	128.44	165.55	170.00
伊朗	21.50	26.50	35.00	43.36	46.30	47.50	48.50	45.00
美国	32.21	31.75	29.76	39.55	39.64	45.72	41.82	42.58
土耳其	15.00	12.96	17.26	17.09	17.73	17.81	18.32	19.43
墨西哥	7.98	6.84	7.92	7.98	11.54	7.66	9.65	11.06
乌克兰	9.10	6.88	8.23	7.92	8.39	8.74	11.26	9.69

2. 世界核桃贸易格局　随着人们保健意识的增强和核桃加工产品的畅销，近年来核桃国际需求量以年均 20% 的速度增长。世界核桃市场贸易包括带壳核桃和核桃仁两种。至 2011 年世界带壳核桃和核桃仁进出口贸易总量达到 77 万吨。其中带壳核桃出口 24.48 万吨，进口 19.02 万吨；核桃仁出口 18.68 万吨，进口 15.10 万吨。

世界核桃贸易中带壳核桃贸易量增长较快。带壳核桃主要出口国有美国、法国、墨西哥、智利、中国和乌克兰等国家。美国是核桃第一出口国，2011 年带壳核桃出口 11.96 万吨，核桃仁出口 8.12 万吨，出口量远远高于其他国家。2005~2011 年间，美国出口量份额从 43% 增长到 49%，中国从 0.3% 增长到 10.4%，智利从 3.6% 增长到 7.2%。但我国近几年进口量远大于出口量，就 2014 年数据看，我国带壳核桃进出口总量达 4.4 万吨，其中，我国带壳核桃出口量降至 1.76 万吨，进口量升至 2.64 万吨。

世界核桃仁第一出口国是美国，所占出口份额 40.4% ~43.5%，其次是乌克兰 8.8% ~14.7%，中国出口份额由 9% 下降到 3.8%。

带壳核桃主要进口国相对较为集中，有中国、土耳其、意大利、墨西哥、德国、西班牙、俄罗斯、摩尔多瓦等，前五大进口市场基本上占世界带壳核桃进口总量的 65% 左右，近几年中国的进口份额在迅速增加，2011 年中国内地和中国香港进口带壳核桃 4.86 万吨，居世界第一位。

3. 中国核桃产销分析　中国核桃产量 271 万吨，面积 555 万公顷（2014 年），作为世界核桃第一生产大国，核桃出口贸易形势却不乐观。2011 年中国核桃共计出口 3.4 万吨，其中带壳核桃出口 2.54 万吨、核桃仁出口 8 533 吨,远远落后于美国。中国核桃仁出口量年际波动较大，但总体上表现为下降趋势。近年来中国带壳核桃及核桃仁进口量有所上升，特别是带壳核桃增加较为明显（图 1-4）。

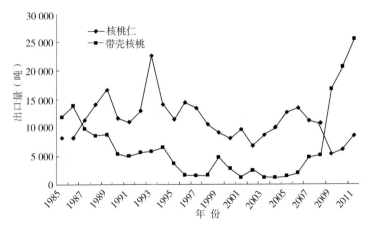

图 1-4　中国带壳核桃与核桃仁出口量变化趋势

另外，中国核桃市场售价每吨 1 267 美元，美国每吨售价 2 130 美元。两个核桃生产大国的市场份额和销售单价的差距,关键在产品质量。我国核桃虽为种植面积和总产量大国，但因产品质量较差，在国际市场中所占份额和售价较低。

三、 我国核桃生产概况

1. 我国核桃分布 核桃在我国栽培历史悠久，遍及我国南北，其分布范围：从北纬21°29′的云南勐腊到北纬44°54′的新疆博乐，纵越纬度23°25′；西起东经75°15′的新疆塔什库尔干，东至东经124°21′的辽宁丹东，横跨经度49°06′。从行政省区看，栽培（含自然分布）范围主要包括辽宁、天津、北京、河北、山东、山西、陕西、宁夏、青海、甘肃、新疆、河南、安徽、江苏、江西、湖北、湖南、广西、四川、贵州、重庆、云南、西藏、内蒙古、广东、浙江及福建等27个省（市、自治区）。

2. 我国核桃种植面积与产量 目前，我国核桃总面积555万公顷，占全国经济林总面积的15%，有10个省（自治区）的种植面积都在10万公顷以上。现已形成了四大栽培区域：西南区（包括云南、四川、贵州、重庆、西藏、广西）、大西北区（包括新疆、陕西、甘肃、山西、青海、宁夏）、东部沿海区（包括黑龙江、吉林、辽宁、北京、河北、天津、山东、安徽、江苏、江西、浙江、福建）、中部区（包括河南、湖北、湖南）。

在我国核桃种植面积迅速增加的同时，产量也迅速增长。据《中国林业统计年鉴》记载：2014年，我国核桃（干果）总产量为271.37万吨，而2002年总产量仅为34.3万吨，年增长率达到18.81%。作为我国核桃主产区的西南区和大西北区，2014年产量分别为117.43万吨和90.85万吨，分别占全国总产量的43.27%和33.48%，其中，仅云南和新疆两地的核桃总产量就高达128.55万吨，占全国总产量的47.37%；四川、陕西、甘肃、山西四省的年产量都在10万吨以上。东部沿海区和中部区也是我国核桃的重要生产区域，2014年产量分别为40.68万吨和22.41万吨，分别占全国总产量的14.99%和8.25%。东部沿海区又以环渤海湾为核心，其中辽宁、河北、山东三省的总产量为 32.02 万吨，占东部沿海区总产量的 78.8%。中部地区的湖南、湖北、河南的产量都在 9 万吨以上（图 1-5）。

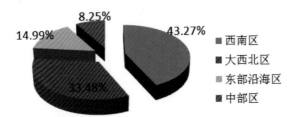

图 1-5　2014 年我国四大产区产量所占比例

按种植面积，排在前 5 名的省份有云南（235.21 万公顷）、四川（55.18 万公顷）、陕西（48.43 万公顷）、山西（45.65 万公顷）和新疆（29.26 万公顷）（表 1-3）。

全国共 1 046 个县级地区有核桃栽培。2012 年种植面积大于 10 万亩的县有 198 个，5 万 ~10 万亩的县有 114 个，1 万 ~5 万亩的县有 273 个。

表 1-3　2012 年核桃主产省种植面积

序号	省份	种植面积 （万公顷）	结果面积 （万公顷）	非结果面积 （万公顷）	总份额 （种植 / 总面积）
1	云南	235.21	64.47	170.74	42.4
2	四川	55.18	16.59	38.59	9.95
3	陕西	48.43	20.01	28.42	8.73
4	山西	45.65	20.03	25.62	8.23
5	新疆	29.26	20.74	8.52	5.27
6	贵州	27.15	4.55	22.6	4.89
7	甘肃	27.00	11.07	15.93	4.87
8	河北	18.71	10.85	7.86	3.37
9	湖北	14.46	3.68	10.78	2.61
10	辽宁	13.71	8.92	4.79	2.47

四、 我国核桃生产中存在的问题

1. 品种选用出现新的混杂 造成的原因是对品种特性了解不多,识别能力差;没有建立正规的良种苗木繁育体系及相应的组织管理办法,苗木繁育及经营市场混乱,纯度与质量不能保证;种植前计划不周,主栽品种不明确,到了种植季节采取无选择性购苗(条),结果是一个园子常常是4~6个品种。要改变这种现象,首先应充分了解品种的特性,并根据自己建园的立地条件选择适宜的品种作为主栽品种,再由主栽品种的花期选择相应的授粉品种。为便于管理,一个园子最好选择单一的主栽品种。其次要结合本地区实际尽快建立良种核桃繁育体系并制定可行的组织管理办法,使良种苗木(种穗)的纯度与质量得到保证。第三要尽快通过高接换优改换或统一主栽品种。

2. 建园栽植过密 核桃是喜光树种,尤其是晚实核桃,树体高大,如果栽植过密,使其过早郁闭,会造成核桃园内通风透光不良,产量低,品质差,病虫害严重。近年来发展的核桃园密度过大,一般3米×4米居多,4~5年园子就已郁闭,造成通风透光差,病虫害严重。密度的大小要根据品种、立地条件和管理水平来确定,合理的栽植密度可以取得较高的经济效益。早实核桃结果早,树冠较小;晚实品种结果较晚,树冠较大。因此,用早实品种建园时,适宜的株行距为(3~5)米×(5~6)米,晚实核桃的株行距可采用(5~6)米×(5~8)米。在地势平坦、土层深厚、肥力较高的土壤上建园,株行距应大些;在环境条件差的土壤上建园,株行距应小些。对于栽植于田埂、地边、堤堰和以种粮食为主,实行果粮间作者,株行距可以灵活掌握。

3. 栽培管理水平较低 一般来讲,核桃新品种丰产性较强,特别是早实品种,需要较好的立地条件和栽培管理水平。缺肥少水或不会管理,会造成树势衰弱、病虫害严重等现象。另外,随处可见放任树或放任园,经济效益差。在整形修剪方面应注重幼树的整形,要把修剪时间由过去的秋季变为整个生长季整形修剪，既能省工省时，又能早日成形。早实核桃由于花芽较多，结果量较大，应注意重剪更新复壮；晚实核桃生长较旺，一般只有顶花芽结果，应采取拉枝、刻芽及环刻等抑制生长促发短枝的技术措施。

4. 机械化程度低 核桃种植过程包括建园、整地施肥、间作、灌溉、整形修剪、病虫害防治及采收等，目前使用的机械极少，特别是山区几乎不用机械。只有种植管理机械化、产业化和规模化生产的有力保障，才能降低成本，确保核桃产业可持续发展，进一步解放核桃种植的劳动力，提高生产效率和经济效益。

5. 经营管理分散 我国核桃生产多数仍为农户分散种植、自产自销的传统模式，抗风险能力、销售能力和市场竞争能力都比较低。针对我国分散的经营模式，应面向国内外市场，提倡土地、核桃园流转或承包，集约化经营，专业化生产，社会化服务，企业化管理，生产销售一体化，实行施肥、灌水、修剪、病虫防治及采收、加工等的统一管理，以提高整体管理水平。

五、 核桃高效生产的意义及途径

随着人类社会的进步、科学技术的发展，人类对果树生产的要求却在不断变化：由高产过渡到高产、优质；然后过渡到高产、优质、高效；再过渡到高产、优质、高效、安全。核桃高效生产就是指合理配置各项生产要素，充分、合理、友好地利用各种资源，实现最大效益（社会、生态、经济效益）。核桃高效生产包括高产出和低消耗两方面。低消耗也就是对资源的高效利用，主要包括自然资源和社会资源的高效利用。

1. 核桃高效生产是广大核农的迫切要求 随着劳动工及生产资料价格的不断升高，核桃生产的成本也相应增加，加之我国核桃种植多在山区，机械化程度低，田间管理多是人工操作，因此，在核桃生产中，降低成本、提高效益、提高坚果质量是广大核农迫切需要的。以前因为全国核桃种植面积较小，坚果在市场中供不应求，加之农民工用工费低廉，高效生产的要求没那么迫切。但近两年，随着核桃的快速发展，市场竞争越来越激烈，只有走高质量、高效益生产的路子才能有更大的收益，走得更远。

2. 核桃高效生产是国际市场所迫　据统计，1987~2000 年间我国核桃平均单产仅为 30 千克 / 亩，2001~2005 年间平均单产不足 60 千克 / 亩，与先进国家相比差距很大。据美国国家农业统计局的资料，1987~2000 年间美国加州核桃产量受结果大小年影响较大，单产呈波折曲线，平均产量为 208 千克 / 亩，是中国单产的 7 倍；而 2001~2005 年间的单产呈现稳中上升态势，平均单产达到 243.3 千克 / 亩，是中国单产的 4 倍多。美国核桃不仅单产高，而且品质优，在国际市场中出口价格是中国的 1.7 倍。再者就是生产的成本低，由于在核桃的整个生产过程中全部采用了机械化，在提高生产效率的同时也大大降低了生产成本。美国尽管栽培面积和产量无法与我国相比，但在国际市场的占有率却是第一的。在全球一体化的今天，我们只有采用高效生产才能在国际市场中站住脚，增加竞争力，否则就只能被国际市场所淘汰。

3. 核桃高效生产是改变传统种植模式的唯一出路　长期以来，核桃栽培处于放任状态，收不收靠天。近几年尽管多数人意识到了管理的重要性，但栽培技术落后。科技是第一生产力，科学的、现代化的栽培技术，如配方施肥、合理的整形修剪、花期管理及综合的病虫害防治、采后处理技术等，均是核桃高效栽培配套技术中的关键环节。只有改变传统的种植模式，走科学种植、园艺化栽培、示范化推广、规模化发展的道路，才能让经济、生态、社会效益最大化，使核桃产业步入良性循环的道路。

4. 核桃高效生产的途径

（1）机械化栽培。机械化操作具有作业效率高、作业质量高、作业效果一致等优点。美国核桃栽培从中耕除草、整形修剪到采收、采后处理等全部都是机械化，不仅提高了生产效率，而且大大降低了成本，更有利于规模化、标准化生产。

（2）轻简化栽培。又叫省力化栽培。轻简化栽培中，"轻"意味着减轻劳动者劳动强度，"简"意味着减少作业次数，减少（优化）物质（农药、化肥等）投入。病虫病防治要本着以防为主的指导思想和安全、经济、有效、简易的原则（如利用黑光灯诱杀），杜绝只靠化学防治法或盲目打药现象；肥料投入要坚持注重有机肥、发展缓释肥的施肥原则。

（3）标准化栽培。又叫模式化栽培。核桃标准化栽培是个系统工程，从建园、配方施肥、整形修剪、花期管理到病虫害防治，以及采收、处理等多项技术均需要标准化，而我国核桃多是一家一户种植，又多是在山区，生产管理的随意性很大，要想实现核桃生产的标准化，只有通过提高果农的技术水平和管理水平，增加果农对标准化生产技术的接受和准确执行的能力，才能不断提高核桃的产量和质量。也只有核桃标准化生产才有利于规模化、推广应用和增强国际竞争力。在发达国家早已实现了核桃标准化、规模化生产，我国各地虽然都制定了核桃生产标准，但真正按标准生产的比例很小，因此，我国核桃生产要全面实行标准化还有很长的路要走。

第二章 核桃的主要种类及品种

核桃科在我国有 7 属 27 种。用于栽培的有核桃属（又称胡桃属）（*Juglans*）和山核桃属（*Carya*）两个属。

一、核桃的主要种类

（一）核桃属

我国现有核桃属有 9 个种，其中 4 个种为引进种。根据核桃的有关分类，9 个种划分为 3 个组。核桃组（包括普通核桃和泡核桃）、核桃楸组（包括核桃楸、野核桃、麻核桃、吉宝核桃、心形核桃）、黑核桃组（黑核桃和北加州黑核桃）。

1. 普通核桃　又称胡桃，世界各国核桃的绝大多数栽培品种均属本种，如豫丰（图 2-1）、辽宁 1 号（图 2-2）、强特勒、清香等，是国内外栽培最广泛的一种，也是我国栽培最多的一种。主要分布和栽培于我国华北、西北地区，中南地区大部，华东地区北部，以及四川、西藏东南地区等。

图 2-1　豫丰青果

图 2-2　辽宁 1 号

2. 泡核桃　又称漾濞核桃、铁核桃。是我国第二大主栽种，主要分布和栽培于云贵川高原，又称西南高地。其生长的适宜生态条件是：海拔 1 800~2 200 米，年平均气温 16℃左右，适应气温范围为 -2~35℃；年降水量 800~1 200 毫米；无霜期 250~300 天；喜偏酸性土壤（图 2-3、

图 2-4）。

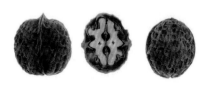

图 2-3　泡核桃结果状

图 2-4　泡核桃坚果

　　3. 核桃楸　又称楸子核桃。主要分布于我国华北和东北山地，以鸭绿江沿岸分布最多，河北、河南也有分布。适应性广，一些类型可耐 -50℃的严寒（图 2-5、图 2-6）。

图 2-5　核桃楸枝条

图 2-6　核桃楸坚果

　　4. 麻核桃　又称河北核桃。系核桃与核桃楸的天然杂交种，主要分布在北京、河北、山西、陕西等有核桃和核桃楸混交的区域，其中在有核桃楸密集分布的沟谷地分布较多（图 2-7、图 2-8）。

　　5. 野核桃　主要分布于我国亚热带地区的江苏、安徽、湖北、湖南、广西、四川、贵州、云南、台湾等地（图 2-9、图 2-10）。

图2-7　麻核桃青果

图2-8　麻核桃坚果

图2-9　野核桃青果

图2-10　野核桃坚果

除了以上 5 个原产种外，还有吉宝核桃（图2-11、图2-12）、心形核桃（图2-13、图2-14）和黑核桃，吉宝和心形核桃原产于日本，

图2-11　吉宝核桃青果

图2-12　吉宝核桃坚果

图 2-13　心形核桃青果

图 2-14　心形核桃坚果

20 世代 30 年代引入我国。黑核桃原产美国，是美国东部的乡土树种。1985 年引入我国，主要有东部黑核桃（图 2-15、图 2-16）、魁核桃和小果黑核桃（图 2-17、图 2-18）等，这些树种的引入也为我国核桃品种与砧木的遗传及改良提供了丰富的种质资源。

图 2-15　东部黑核桃青果

图 2-16　东部黑核桃坚果

图 2-17　小果黑核桃青果

图 2-18　小果黑核桃坚果

黑核桃为高大落叶乔木，树高可达 30 米以上，木材品质好，市场中大径优质材价值很高，果材兼用。近两年国内选出了黑核桃杂交种，是造林绿化或作核桃砧木的优良品种。另外，所选出的小果黑核桃是很好的饰品（猴头核桃），近年来用于制作的手链成了抢手货。

（二）山核桃属

山核桃属 6 种，其中 1 个种为引进种。用于栽培的有 2 个种，山核桃和长山核桃（又名薄壳山核桃）。

1. 山核桃　主要分布于浙皖交界的天目山区，其中临安、宁国和淳安三县市为中心产区（图 2-19、图 2-20）。

图 2-19　山核桃青果

图 2-20　山核桃坚果

2. 长山核桃　主要分布于北美密西西比河流域和墨西哥（图 2-21、图 2-22）。我国从 19 世纪末开始引种，栽培广泛，主要有云南、浙江、福建、湖南、安徽、江西、江苏、河南、四川、上海等地有栽培，但还未进行大规模的生产。其在坚果市场上称为碧根果，口感好，营养丰富，倍受消费者青睐。

图 2-21　长山核桃青果

图 2-22　长山核桃坚果

二、核桃的主要栽培品种

（一）普通核桃

在普通核桃中，按实生苗结果的早晚分为早实核桃（2~4 年结果）和晚实核桃（5~10 年结果）两类。早实核桃具有结果早、侧芽形成混合芽比例高、易丰产等特点，适合密植丰产栽培。但早实核桃的抗性较差，要求栽培管理水平较高，大量结果后树势容易衰弱，易得病害。晚实核桃进入结果期较晚，但经济寿命较长，适应性较强。生产中可以根据立地条件选择不同的类型，立地条件好、管理水平较高的地方可发展早实核桃品种，反之则宜选择晚实品种。

1. 早实品种

（1）豫丰。河南省林业科学研究院从良种后代中选育而成。2014年通过河南省林木良种审定委员会审定。树势强健，树姿开张，属短枝型，雄先型，嫁接苗第 2 年结果，第 3 年株产 2 千克，4 年生株产坚果 4.5 千克，5 年生株产坚果 8.3 千克。极丰产。坚果椭圆形，果基平，两肩扁平，坚果纵径 4.4 厘米，横径 3.5 厘米，侧径 3.8 厘米，坚果重 15~20 克，壳面光滑，壳厚 1.2 毫米，可取整仁，出仁率 56% 左右，仁色浅黄（图 2-23）。

（2）绿波。由河南省林业科学研究院从新疆核桃实生树中选育而成。2012 年通过河南省林木良种审定委员会审定。树势较强，树姿开张，分枝力中等，有二次枝，树冠圆头形，连续丰产性强，适宜在土壤较好的地方栽植。雌先型，早熟品种，侧生混合芽率 80%，每果枝平均坐果 1.6 个，多为双果，坐果率 68%。嫁接后 2 年形成雌花，3 年出现雄花。属短枝型。丰产，高接在 8 年生砧木上 4 年株产坚果 6.5 千克，最高达 15 千克。坚果卵圆形，果基圆，果顶尖。纵径、横径、侧径平均 3.42 毫米，坚果重 11 克左右，壳面较光滑，有

图 2-23　豫丰坚果

图 2-24　绿波坚果

小麻点，缝合线窄而凸，结合紧密，壳厚 1.0 毫米，内褶壁退化，横隔膜膜质，可取整仁。出仁率 59% 左右（图 2-24）。核仁较充实饱满，乳黄色，味香而不涩。

（3）薄丰。河南省林业科学研究所选育。树势强旺，树姿开张，分枝力较强。嫁接苗 2 年开始结果，4 年生株产坚果 4 千克，5 年生株产坚果 7 千克。

坚果卵圆形，纵径 4.2 厘米，横径 3.5 厘米，侧径 3.4 厘米，坚果重 13 克，最大为 16 克，最大特点是果壳极薄，壳厚仅 1.0 毫米，壳面光滑，极易取仁，可取整仁或半仁，出仁率 58% 左右，仁浅黄色，品质佳（图 2-25）。

图 2-25　薄丰坚果

（4）辽宁7号。由辽宁省经济林研究所经人工杂交培育而成。1990年定名。树势强，树姿开张或半开张，分枝力强。属中短枝型。侧芽形成混合芽能力超过90%。每雌花序着生2~3朵雌花，多双果，坐果率60%左右。无大小年现象，5年生可产4.7千克。坚果圆形，果基圆，果顶圆。纵径3.5厘米，横径3.3厘米，侧径3.5厘米，坚果重11克，最大为16克，壳面极光滑，色浅，缝合线窄而平，结合紧密。壳厚0.9毫米，极易取仁，出仁率62.6%。核仁充实饱满，黄白色，风味佳（图2-26）。

图2-26　辽宁7号坚果

（5）辽宁1号。由辽宁省经济林研究所经人工杂交培育而成。1980年定名。树势较旺，树姿直立或半开张，树冠圆头形，分枝力强，枝条粗壮密集。连续丰产性强，有抗病、抗风和抗寒能力。雄先型。结果枝属短枝型，侧生混合芽率90%，坐果率约60%。丰产性强，5年生平均株产坚果1.5千克，最高达5.1千克。坚果圆形，果基平或圆，果顶略呈肩形，纵径、横径、侧径平均3.3厘米，坚果重9.4克。壳面较光滑，缝合线微隆起或平，不易开裂，壳厚0.9毫米左右，内褶壁退化，可取整仁，出仁率59.6%，核仁充实饱满，黄白色（图2-27）。

图2-27　辽宁1号坚果

（6）辽宁4号。由辽宁省经济林研究所经人工杂交选育而成。1990年定名。树势中庸，树姿直立或半开张，树冠圆头形，分枝力强。雄先型。侧生混合芽率90%，每果枝平均坐果1.5个，丰产性强，8年生平均株产6.9千克，最高达9.0千克。大小年不明显。坚果圆形，果基圆，果顶圆并微尖。纵径、横径、侧径平均 3.37 厘米，坚果重 11.4 克。壳面光滑美观，缝合线平或微隆起，结合紧密，壳厚 0.9 毫米。内褶壁膜质或退化，可取整仁。核仁充实饱满，黄白色，出仁率 59.7%。风味好，品质极佳（图 2-28）。

（7）中林 1 号。由中国林科院林业研究所经人工杂交选育而成。1989 年定名。树势较强，树姿较直立，树冠椭圆形，分枝力强，丰产性强。雌先型。侧生混合芽率 90%，每果枝平均坐果 1.39 个。丰产；高接在 15 年生砧木上第 3 年最高株产 10 千克。坚果圆形，果基圆，果顶扁圆。纵径、横径、侧径平均 3.38 厘米，坚果重 14 克。壳面较粗糙，缝合线两侧有较深麻点；缝合线中宽凸起，顶有小尖，结合紧密，壳厚 1.0 毫米。内褶壁略延伸，膜质，横隔膜膜质，可取整仁或 1/2 仁，出仁率 54%。核仁充实饱满，仁乳黄色，风味好（图 2-29）。

图 2-28　辽宁 4 号坚果　　　　　　　图 2-29　中林 1 号坚果

（8）西扶 1 号。由原西北林学院选育而成。1989 年定名。树势中庸，树姿较开张，树冠圆头形，分枝力中等，丰产性及抗病性均强。雄先型。侧生混合芽率 90%，长、中、短果枝比例为 25：55：20，每果枝平均坐果 1.29 个。坚果长圆形，果基圆形。纵径、横径、侧径平均 3.17 厘米，坚果重 12.5 克。壳面光滑，缝合线窄而平，结合紧密，壳厚 1.2 毫米。内褶壁退化，横隔膜膜质，易取整仁。出

图 2-30　西扶 1 号坚果

仁率 53.0%，核仁充实饱满，味甜香（图 2-30）。

（9）彼得罗。产地美国，1984 年引入中国。坚果重 12 克。壳面较光滑；缝合线略凸起，结合紧密；壳厚约 1.6 毫米。易取仁，出仁率 48%（图 2-31）。丰产。该品种坚果较大，发芽晚，抗晚霜危害。

（10）哈特利。产地美国，1984 年引入中国。树势较旺，树姿直立。雌先型。坚果果基平，果顶渐尖，似心脏形。坚果椭圆形，坚果重 14.5 克。壳面光滑，缝合线平，结合紧密，壳厚 1.5 毫米。易取仁，出仁率 46% 以上（图 2-32）。该品种适宜用作农田防护林。

图 2-31　彼得罗坚果　　　　　　　图 2-32　哈特利坚果

2. 晚实品种

（1）清香。河北农业大学 20 世纪 80 年代初从日本引进的核桃优良品种。2003 年通过河北省林木良种审定委员会审定。属晚实类型中结果早、丰产性强的品种。树体中等大小，树姿半开张，幼树生长较旺，结果后树势稳定。枝条粗壮，芽体充实、结果枝率 60% 以上，连续结果能力强。嫁接树第 4 年见花初果，高接树第 3 年开花结果，坐果率 85% 以上，双果率 80% 以上。雄先型，坚果近圆锥形，较大，单果重 16.9 克。壳皮光滑淡褐色，外形美观，缝合线紧密。壳厚 1.2 毫米，内褶壁退化，易取整仁。核仁饱满，色浅黄，出仁率 52%~53%（图 2-33）。9 月中旬果实成熟，11 月初落叶。该品种适应性强，抗炭疽病、黑斑病及抗旱、耐瘠薄。

（2）晋龙 1 号。由山西省林业科学研究所从实生核桃群体中选出。

1990年定名。幼树树势较旺，结果后逐渐开张，树冠圆头形，分枝力中等。嫁接后2~3年开始结果，3~4年后出现雄花。雄先型。果枝率45%左右，果枝平均长7厘米，属中、短果枝型，每果枝平均坐果1.5个，坐果率65%左右，多双果。坚果近圆形，果基微凹，果顶平。纵径、横径、侧径平均3.82厘米，坚果重14.85克。壳面较光滑，有小麻点，缝合线窄而平，结合较紧密，壳厚1.09毫米。内褶壁退化，横隔膜膜质，易取整仁，出仁率61%（图2-34）。仁饱满，黄白色，品质上等。

图2-33　清香坚果　　　　　　　　图2-34　晋龙1号坚果

（3）礼品2号。由辽宁经济林研究所选育。于1989年定名。树势中庸，树姿半开张，分枝力较强。雌先型品种。坚果长圆形，果基圆，果顶圆微尖。坚果重13.5克。壳面光滑；缝合线窄而平，结合较紧密，壳厚0.7毫米，内褶壁退化，极易取整仁，出仁率67.4%（图2-35）。核仁充实饱满，色浅，风味佳。

图2-35　礼品2号坚果

（二）泡核桃

泡核桃是我国西南高海拔山区的重要经济树种。实行嫁接繁殖已有 200 多年的历史，栽培品种较多。属晚实类群。大泡核桃、三台核桃、细香核桃、大白壳核桃、漾江 1~3 号等。

另外，在 20 世纪 70 年代后期，云南林业科学院采用泡核桃与普通核桃早实类群杂交，选出了 5 个种间杂交种：云新 90301、90303（图2-36）、90306（图 2-37）等，这些品种兼具两亲本的优良性状，又有始果期早、侧生混合芽率高等丰产性状。

图 2-36　云新 90303　　　　图 2-37　云新 90306

（三）麻核桃

麻核桃壳皮坚厚，壳面沟纹纵横，花纹多样，种仁甚少，由多年自然杂交和世代繁衍形成了丰富多彩的不同形状和沟纹的类型，适宜观赏、雕刻、挂件、收藏、馈赠和玩耍等，民间称之为"耍核桃"或"文玩核桃"。主要品种有艺核 1 号（图 2-38），京艺 2、6~8 号，华艺 2 号（图 2-39）等。

另外，传统上依其形状分为几个优良类型：狮子头、虎头、官帽、公子帽、鸡心、罗汉头等。

图 2-38　艺核 1 号

图 2-39　华艺 2 号

（四）黑核桃

黑核桃木材结构紧密，力学强度较高，纹理、色泽美观，且易加工，是优良的胶合板材，可用于家具、工艺雕刻、建筑装饰等，其国际市场的需求量与日俱增。

用于作普通核桃的砧木，黑核桃砧具有亲和力强，抗寒性强，较抗线虫和根腐，有矮化及提早结实的作用。主要有北加州黑核桃、魁核桃、东部黑核桃、比尔、哈尔等。魁核桃砧较耐盐碱，亲和力强。小果黑桃砧耐干旱盐碱。北加州黑核桃砧抗寒性差，抗根腐。2014 年由中国林科院培育出了中洛缘、中宁魁两个新品种。

杂交种有奇异核桃（是美国普通核桃的主要砧木）、强悍和 2012 中国林科院选出的中宁奇、中宁强、中宁异等。

（五）山核桃

美国薄壳山核桃因果壳薄，故名薄壳山核桃；又因果实长形，又称长山核桃。由于长山核桃果实取仁容易，营养价值高，可食率高，其市场销售前景十分可观。该树种因其果实经济价值，在果树类中属投入少、管理容易、病虫害少的树种之一，而且有园林绿化美化效果，木材质量佳等特点，是一果材两用经济树种，发展前景广阔。

山核桃属包括山核桃和美国长山核桃 2 种。

1. 山核桃　主要有 2006 年由浙江农林大学选育的浙林山 1 号（图

2-40）、2 号（图 2-41）、3 号等。

图 2-40　浙林山 1 号　　　　　图 2-41　浙林山 2 号

2. 美国长山核桃　主要有波尼（图 2-42）、马汉（图 2-43）、卡多、巧克特、金华、肖尼等。

图 2-42　波尼

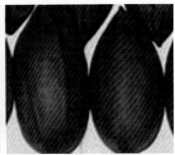

图 2-43　马汉

第三章　核桃生长结果特性

一、 根系

（一）根系在土壤中的分布

核桃属深根性树种，主根发达，侧根伸展较远，须根丰富（图3-1）。一年生树主根占总根重的87.8%，二年生者占57.4%。一年生者主根垂直生长的长度为主干高的5.3倍，二年生者为主干高的2.2倍。三年生以后根系水平生长才加快。9年生树在垂直方向上分布以0~60厘米土层为主，约占整个根系生物量的86%，其中20~40厘米土层根的数量分布最多，且以细根为主；在水平方向上，核桃根系生物量主要集中在距核桃树根1.5米的区域内，占整个根系生物量的70%（图3-2）。根系主要靠细根吸收水分和养分，因此，施肥深度应在20~40厘米，范围为冠下及边缘。

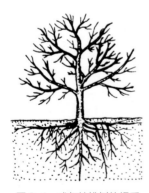

图3-1　成年核桃树的根系

图3-2　根系水平分布

另外，早实核桃与晚实核桃的根系生长发育也不相同。早实核桃比晚实核桃根系发达，且以幼龄树表现明显。早实核桃的侧根、须根数量是晚实核桃的2倍多，这也是早实核桃的一个重要特征。根系发达有利于对水、肥的吸收及花芽分化，从而实现早实、丰产。

（二）根系的生长发育规律

根系没有自然休眠，只要条件适宜，随时可由停滞状态迅速过渡到生长状态，根系生长与土壤温度关系密切，通常在土壤温度达到一定高度时根系才开始生长。一般地温超过 10℃时，根系才开始生长。根系的整个生长过程大约有 3 次高峰：第一次在发芽前至雌花盛期，第二次在新梢生长停止和果实生长减缓时，第三次在采果后至落叶前。

根系与地上部又相互依存、相互促进。因此在栽培条件下，应注重疏花疏果、抹芽、摘心等调节措施来减少与地下部分光合产物的竞争。

核桃不同的品种类型、年龄、物候期变化、地上部生长发育状况、立地条件、栽培措施等都会影响根系的生长量和生长强度。

二、　芽

根据核桃芽的性质、形态、构造和发育特点，可分为混合芽、叶芽、雄花芽和潜伏芽四种类型（图 3-3）。

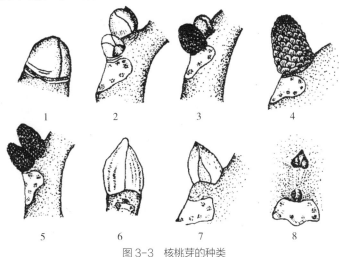

图 3-3　核桃芽的种类

1.雌花芽　2.双雌花芽　3.1 雌 1 雄　4.雄花芽
5.双雄花芽　6.顶叶芽　7.腋叶芽　8.休眠芽

1. 混合芽　混合芽又叫混合花芽或雌花芽，萌发后可抽生结果枝、叶片和雌花。晚实核桃多在结果枝顶端及其以下 1~2 芽，单生或与叶芽、雄花芽上下重叠着生于复叶的叶腋处。早实核桃除顶芽着生混合芽外，以下 3~5 个叶腋间，均可着生混合芽。混合芽体呈半圆形，饱满肥大，覆有 5~7 个鳞片。

2. 叶芽　叶芽着生在营养枝的顶端及以下叶腋间，叶芽萌发后只长枝条和叶片。晚实核桃叶芽数量较多，早实核桃较少。同一枝上的叶芽由下向上逐渐增大。着生在发育枝顶端的叶芽较大，呈阔三角形；着生于叶腋间的芽体小，呈半圆形。

3. 雄花芽　雄花芽为裸芽，呈圆形，实为短缩的雄花序。多着生在一年生枝的中部或中下部，单生或双雄芽上下叠生，或与混合芽叠生。经膨大伸长后形成柔荑状雄花序，开花后脱落。

4. 潜伏芽　潜伏芽又叫休眠芽。从性质上属于叶芽，扁圆瘦小，通常着生于枝条下部和基部，在正常情况下不萌发。随着枝条的停止生长和枝龄的增加及粗生长，芽体脱落而芽原基埋伏于树皮下。其寿命可达数十年或百年以上。当树体受到刺激时，潜伏芽可萌发枝条，有利于枝干的更新复壮。

三、枝条

核桃的枝条按其作用可分为结果母枝、结果枝、营养枝和雄花枝四种类型。

1. 结果枝　由结果母枝上的混合芽萌发而成，顶端着生雌花结果的枝条称为结果枝。健壮的结果枝顶端可再抽生短枝，多数当年亦可形成混合芽。早实核桃还可当年形成当年萌发，当年开花结果，称为二次花或二次果（图 3-4）。按结果枝的长度可分为长果枝（>20 厘米）、中果枝（10~20 厘米）

图 3-4　二次花和二次果

和短果枝（<10厘米）。结果枝长短与品种、树龄、树势、立地条件和栽培措施有关。结果枝上着生混合芽、叶芽（营养芽）、休眠芽和雄花芽，但有时缺少叶芽或雄花芽。

2. 结果母枝　凡着生有混合芽，下一年能抽生结果枝的枝条叫结果母枝。主要由当年生长健壮的营养枝和结果枝转化形成，顶端及其下 2~3 芽为混合芽。结果母枝上一般着生混合芽、叶芽、休眠芽和雄花芽，但有时缺少叶芽或雄花芽。

3. 雄花枝　是指除顶端着生叶芽外，其他各节均着生雄花芽而较为细弱短小的枝条。雄花枝顶芽不易分化混合芽。雄花序脱落后，除保留顶叶芽外，全枝光秃，故又称光秃枝。雄花枝多在衰弱树、成龄或老龄树及树冠内郁闭的树上形成。雄花枝多是树势衰弱和品种不良的表现，修剪时多应疏除。

4. 营养枝　也叫生长枝，根据枝条生长势又可分为发育枝、徒长枝和二次枝 3 种（图 3-5）。

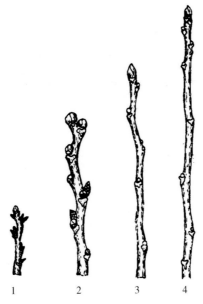

图 3-5　核桃枝条的类型

1. 雄花枝　2. 结果枝　3. 营养枝　4. 徒长枝

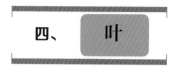

四、 叶

1. 叶的形态 核桃叶片为奇数羽状复叶。复叶的数量与树龄大小、枝条类型有关。复叶的多少对枝条和果实的生长发育影响很大。据报道，着生双果的结果枝，需要有5~6片以上的正常复叶才能维持枝条、果实及花芽的正常发育和连续结果能力，低于4片复叶，不仅不利于混合花芽的形成，而且果实发育不良。

2. 叶的发育 在混合芽或营养芽开裂后数天，可见到着生灰色茸毛的复叶原始体；经5天左右，随着新枝的出现和伸长，复叶逐渐展开；再经10~15天，复叶大部分展开，由下向上迅速生长；经40天左右，随着新枝形成和封顶，复叶长大成形；10月底左右叶片变黄脱落，气温较低的地区，落叶较早。

五、 开花与坐果

（一）开花

1. 雄花 为柔荑花序（图3-6），花序平均长8~12厘米。每花序有雄花100~180朵。每朵小花有雄蕊12~26枚，花药2室，每室有花粉900粒，这样计算起来每个雄花序有花粉180万粒。早实核桃有时出现二次雄花序，对树体生长和坐果不利。

春季雄花芽开始膨大，由褐变绿，从基部向顶部逐渐膨大。经6~8天，基部开始伸长，基部小花开始分离，萼片开裂并能看到绿色花药；约6天后花药由绿变黄；1~2天后雄花开始散粉，之后花序变黑干枯。散粉期若遇低温、阴雨、大风天气，会对自然授粉极为不利，宜进行人工辅助授粉，以增加坐果和产量。

图3-6 核桃雄花花序

2. 雌花 呈总状花序（图3-7至图3-9），着生在结果枝顶端，着生方式有单生、2~3朵簇生、4~6朵序生和10~30朵穗状着生。柱头2裂，成熟时反卷，常有黏液分泌物。

图3-7 普通核桃雌花

图3-8 麻核桃雌花

春季混合芽萌发后，结果枝伸长生长，在其顶端出现带有羽状柱头和子房的幼小雌花，5~8天后子房逐渐膨大，柱头开始向两侧张开；此后，经4~5天，柱头向两侧呈倒"八"字形开张，柱头上部有不规

则突起，并分泌出较多、具
有光泽的黏状物，称为盛花
期。此期接受花粉能力最强，
是人工授粉的最佳时期。4~5
天后，柱头分泌物开始干涸，
柱头反卷，称为末花期。此
时授粉效果较差。盛花期的
长短，与气候条件有着密切
的关系。大风、干旱、高温
天气，盛花期缩短；潮湿、
低温天气可延长盛花期。但

图 3-9　黑核桃雌花

雌花开花期温度过低，常使雌花受害而早期脱落，造成减产。有些早
实核桃品种有二次开花现象。

3. **雌雄异熟**　核桃为雌雄同株异花植物，在同一株树上雌花与雄
花的开花和散粉时间常常不能相遇，称为雌雄异熟。在核桃生产中有
3 种表现类型：雌花先于雄花开放，称为雌先型（图 3-10）；雄花先于
雌花开放，称为雄先型；雌雄同时开放，称为同熟型。一般雌先型和
雄先型较为常见。为利于授粉和坐果，核桃栽培和生产中，应配置授
粉品种。

图 3-10　雌雄异熟——雌先型

（二）坐果

核桃属风媒花，需借助自然风力进行传粉和授粉。核桃雌花属湿性柱头，表面产生大量分泌物，有利于接受和滞留花粉粒，并为花粉粒萌发和花粉管生长提供必要的营养物质。

核桃花粉落到雌花柱头上，经过花粉萌发，进入子房完成受精到果实开始发育的过程称为坐果。据观察，授粉后约4小时，柱头上的花粉粒萌发并长出花粉管进入柱头，16小时后可进入子房内，36小时达到胚囊，36小时左右完成受精过程。核桃坐果率一般为40%~80%，自花授粉坐果率较低，异花授粉坐果率较高。研究表明，进行人工辅助授粉可提高核桃坐果率15%~30%。从授粉实践看，雌花开放后1~5天内，羽状柱头分泌黏液多，柱头接受花粉能力最强。一天中以上午9~10时，下午3~4时授粉效果最好。

核桃存在孤雌生殖现象，即单性生殖，就是卵不经过受精也能发育成正常的新个体。近年来，关于核桃孤雌生殖国内外均有报道，但孤雌生殖能力因品种和年份不同有所差别。

六、　果实发育及成熟

（一）果实发育

核桃果实是指带有不能食用绿色果皮的膨大子房。因为没有明显的花瓣，所以雌花朵和幼果不易严格区分。核桃果实的发育是指从雌花柱头枯萎到青皮变黄并开裂的整个发育过程，称为果实发育期。这一发育过程，需要经过一个快速生长期和一个缓慢生长期（图3-11）。快速生长期约在开花后6周到6月中旬，果实生长量约占全年生长量的85%，1天内平均生长量1毫米以上；缓慢生长期约在6月下旬到8月上旬，果实生长量约占全年生长量的15%。从果实整体发育看，

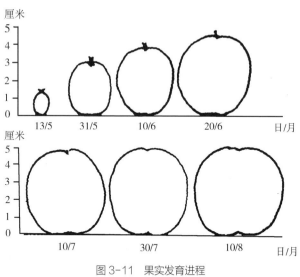

图 3-11　果实发育进程

大体可分为 3 个发育时期,即:①果实速长期;②果壳硬化期(硬核期),北方约在 6 月下旬,绿皮内果核从基部向顶部变硬,种仁从糯糊状变为嫩仁,果实大小基本定型,生长量很小;③种仁充实期,从硬核期到果实成熟,果实略有增长,到 8 月上旬停止增长。此期果实已达到品种应有大小,果实内淀粉、糖、脂肪等有机物成分不断变化,脂肪主要是在果实发育后期形成和积累的。为了生产优质核桃坚果和提高产量,应适期采收,禁止过早采收。

(二) 果实成熟

核桃生理成熟的标志是内部营养物质积累和转化基本完成,淀粉、脂肪、蛋白质等呈不溶状态,含水量少,胚等器官发育充实,内部生理活动微弱,酶活性较低。核桃成熟的外部形态特征是青皮由深绿色、绿色,逐渐变为黄绿色或浅黄色,容易剥离。一般认为 80% 果实青皮出现裂缝时为采收适期 (图 3-12)。从坚果内部来看,当内隔膜变为棕色时为核仁成熟期,此时采摘种仁的质量最好。核桃从坐果到果实成熟需 130~140 天。不同地区、不同品种核桃的成熟期不同。北方地区的核桃多在 9 月上中旬成熟。早熟品种 8 月上旬即可成熟，早熟和晚熟品种的成熟期可相差 10~25 天。

图 3-12　核桃成熟青皮开裂

七、　核桃不同种类对外界环境条件的要求

　　1. 海拔　我国不同地区适宜栽培核桃的海拔各有不同。北方地区多栽培在海拔 1 000 米以下；秦岭以南多生长在海拔 500~1 500 米；陕西省洛南地区适生区在海拔 700~1 000 米；云南、贵州地区在海拔 1 500~2 000 米，其中云南泡核桃的适生区为海拔 1 800~2 200 米；而辽宁西南部的适生区在海拔 500 米以下，高于 500 米时，核桃会因气候寒冷、生长期短而不能正常生长。

　　2. 温度　核桃属于喜温树种，天然产地大都是较温暖的地带，但不同品种适宜温度各异。

　　（1）核桃：适宜生长的温度范围为年均温度 9~16℃，极端最低温度 –25℃，极端最高温度 35~38℃；无霜期为 180 天以上。核桃在不同发育阶段对温度的要求亦不同。在休眠期,幼树在 −20℃条件下可出现冻害,成年树虽能耐 −30℃低温,但低于 −28~−26℃时,枝条、雄花芽及叶芽均易受冻害。展叶后,如温度降到 −4~−2℃,新梢可被冻坏。花期和幼果期,温度下降到 −2~−1℃时,核桃则受冻减产。如温度超过 38~40℃时,果实易受日灼伤害,核仁不能发育或变黑。温度是影响核桃产量的因子之一,在发展和生产中要注意温度的影响,尤其是对幼龄树,低温时应采取防护措施。

（2）泡核桃:只适应于亚热带气候条件,耐湿热,不耐干冷。其适应生长的温度条件是:年平均气温 13.7~18.9℃,最冷月平均气温 4~10℃,极端最低温度 −8.2~−5.8℃。

3. 光照 核桃属于喜光树种,适于阳坡或平地栽植。日照时数与强度对核桃生长、花芽分化及开花结实有重要的影响。进入盛果期,更需要有充足的光照条件,全年日照时数要在 2 000 小时以上,才能保证核桃的正常生长发育,达到产量高,品质好。如新疆核桃产区和陕西、山西核桃产区日照长,则产量高、品质好。光照对其产量的影响很大,同一株核桃的外围枝条比内膛枝结果多,而内膛结果枝细弱。全年日照时数低于 1 000 小时,则核桃、核仁均发育不良。特别是雌花开放期,若光照条件好,坐果率明显提高;如遇阴雨、低温,则易造成大量落花落果。因此,在生产中应注意栽植密度、采用丰产树形和适当修剪,不断改善树冠内的通风、透光条件。

4. 土壤 核桃为深根系树种,对土壤的适应性强,无论是丘陵、山地、平地,只要土层厚度达到 1 米以上,就可以保持其良好的生长发育。土层过薄、地下水位高和土壤过于黏重(如红胶泥、白干土的地方),其主根和侧根难以深扎和伸展,影响根系的发育。常造成盘根错节,水分和养分的供应也很有限,容易引起干旱,地上部分容易形成"小老树"或连年枯梢,不能形成产量。

核桃喜疏松土质和排水良好的土壤,所以在沙壤土和中壤土上栽培核桃比较适宜。在含钙的微碱性和腐殖质含量多的土壤上生长最佳,而在地下水位过高和黏重的土壤上生长不良。核桃对土壤 pH 值适应范围为 6.2~8.2,最适 pH 值为 6.5~7.5。土壤含盐量宜在 0.25% 以下,稍有超过即对其生长结实有影响。含盐量过高，则会导致死亡。

5. 水分　我国一般年降水量 600~800 毫米且分布均匀的地区基本可满足核桃生长发育的需要。不同种群和品种的核桃对降水量的适应能力有很大的差异，如云南泡核桃分布区的降水量为 650~1 500 毫米，而新疆早实核桃则适应于干燥气候，若将新疆早实核桃引种到降水量600 毫米以上地区易罹病害。

一般来说，核桃对空气湿度的适应性强，核桃耐干燥的空气，晴朗而干燥的气候能促进开花结实，如新疆核桃的早实丰产特性正是长期在这样的条件下生长发育而形成的遗传性。但对土壤水分状况却比较敏感，土壤过旱或过湿均不利于核桃的生长和结实。秋雨频繁，常引起青皮早裂，坚果变褐。因此，山地核桃园需设置水土保持工程，以涵养水源；平地则应解决排水问题；核桃园的地下水位应在地表 2米以上。

6. 坡向与坡度　核桃适于生长在背风向阳、山坡基部土层深厚、水分状况良好的地方。生长在阳坡的核桃树的树高、胸径、新梢生长量、结果量等指标明显高于半阳坡和阴坡的。坡度大小对核桃生长影响很大。坡度越大，径流量越大，水肥冲刷量也越大。一般来说，坡长与径流量呈反相关，与冲刷量呈正相关。因此，核桃适于栽植在 10 度以下的缓坡地带。如坡度超过 10 度以上，应修筑等高的水土保持工程（水平窄带梯田等）。

核桃不同种类对外界环境条件的要求见表 3-1。

表 3-1　不同核桃种类对外界环境条件的要求

影响因子	核桃	泡核桃	美国山核桃	山核桃
海拔（米）	≤ 1 500	1 700~2 200	1 000~1 500	≤ 1 200
年均气温（℃）	9~16	14~19	13~20	13.5~17.2
日照时数（小时）	≥ 2 000	1 900~2 500	1 710~2 100	1 700~1 800
pH 值	6.5~7.5	5.5~7	5.5~7	5.5~6.5
年降水量（毫米）	500~700	650~1 500	500~2 000	1 000~2 000
极端最低温度（℃）	≥ −25	≥ −8.2	≥ −30	≥ −13.3
无霜期（天）	≥ 180	≥ 250	≥ 160	≥ 180

第四章 核桃高效育苗技术

培育健壮的优良品种苗木，是优质核桃生产的基础条件之一。由于核桃是雌、雄同株，异花授粉，其实生苗遗传基础较复杂，后代分离很大，不同单株间差异很大，其产量相差几倍，甚至几十倍；结果期早晚可相差 3~4 年甚至 7~8 年。因此，在核桃栽培中，必须采用无性繁殖代替种子繁殖，那些用优良品种繁殖出的实生苗，即所谓的"原种苗"不用嫁接，是不科学的。当前，繁殖核桃无性系苗木主要是采用嫁接繁殖方法，其主要优点是：①能很好地保持母体的优良性状，加速实现核桃良种化。②能显著提高产量和改善品质。③能提早结果，植株矮化；早实型核桃一般在第 2 年即可挂果，晚实型核桃需 3~5 年便可结果；但实生核桃需 8~10 年才开始结果。④可充分利用野生核桃种质资源。

一、砧木（实生）苗的培育

（一）苗圃地选择及整地

1. **苗圃地选择** 苗圃地应选择在交通方便、地势平坦、土壤肥沃、土层深厚（1 米以上）、土质疏松、背风向阳、排灌方便的地方。土壤以沙壤土、壤土和轻黏壤土为宜。切忌选用撂荒地、盐碱地（含量在 0.25% 以下）和地下水位在地表 1 米以内的地方做苗圃地。苗圃要进行全面规划，一般应包括采穗圃和繁殖区两部分。育过一茬苗后要进行"倒茬"，重茬会导致苗木出现生长不良、病害严重等现象。若免不了重茬时，在施入土杂肥（每亩 500 千克左右）的同时，每亩还应施入黑矾（硫酸亚铁）10 千克，以补充铁元素的减少，防止苗木黄化。同时，还应加强土壤消毒及病虫害防治工作。

2. **苗圃地整地** 整好苗圃地是保证苗木生长和质量的重要环节。整地方法主要是进行深翻耕作，深度应因时因地制宜。秋季翻耕宜深（20~25 厘米），春季翻耕宜浅（15~20 厘米）；干旱地区宜深，多雨地区宜浅；土层厚地宜深，河滩地宜浅；移植苗宜深（25~30厘米），播种苗宜浅。结合深耕每亩施有机肥4000千克左右，并灌足水。春季播种前可再浅耕1次，耙平后做畦（垄）以供播种用。

作业方式：可分为高畦（床）（图4-1）、低畦（床）（图4-2）和垄作（图4-3）三种。一般干旱地区多用低畦，多雨地区常用高畦，北方多数地区习惯用低畦。不论采用何种形式，均应以便于管理、有利排水和浇灌为宜。高畦的畦面一般高于步道沟15~20厘米，宽1米，步道宽50~60厘米。低畦的畦面低于步道沟15~25厘米，宽1~1.5米，步道宽40厘米左右。长度随地形而定，多为10~20米。垄作是在土地平整后用犁或人工做垄，大型苗圃可用机械做垄。垄高20~30厘米，垄宽15~20厘米，垄中心距70厘米，垄长20~30厘米。垄作的主要优点是，土壤不易板结，肥土层厚，温、热、光照、通风良好，便于灌溉，节约用地，管理和起苗方便，并可使用机械。

图4-1　高畦（床）　　　　图4-2　低畦（床）　　　　图4-3　垄作

（二）砧木苗培育

1. 砧木选择　砧木苗是指利用种子繁育而成的实生苗，主要作为嫁接苗的砧木。

我国核桃砧木种类主要有4种：普通核桃、铁核桃、黑核桃和核桃楸。目前，应用较多的为前三种，其特点如下：

（1）核桃。以核桃作砧木（也叫共砧或本砧），对寒冷、干旱的抵抗力较强。嫁接亲和力强，成活率高，植株生长强旺，结果良好。在国外还表现有抗黑线病的能力。中国的西北、东北、华北、西南均有分布，是目前我国北方地区普遍采用的良好砧木。但应注意种子来源尽可能一致，以免后代个体差异太大，影响嫁接品种的生长发育。

（2）铁核桃。铁核桃的野生类型亦称夹核桃，它和泡核桃是同一个种的两个类型，主要分布在我国西南各省区。坚果壳厚而硬，果小，出仁率低，只有20%~30%，商品价值低。土壤类型和酸碱度的适应性强，侧根粗壮发达，耐湿热，不耐干旱，抗寒性差，适于低纬度高海拔的西南地区作砧木用。它是泡核桃、娘青核桃、三台核桃、大白壳核桃、细香核桃等优良品种的良好砧木。在我国云南、贵州等地应用较多，应用历史也很长。

（3）黑核桃。原产北美，乔木，易遭受病害，对不良环境适应性强，抗寒、抗旱。我国江苏、上海、辽宁、山西、河南等地有栽培。目前，国内少量地区有应用，可用作抗旱、抗寒的砧木。成活率高、亲和力强、生长速度快，尤以魁核桃砧为好，但进入初果期后开始有黑线病现象。国外多用奇异核桃（美国加州黑核桃与核桃的杂交种）作砧木，抗病性强，树体长势强壮（图4-4、图4-5）。

图4-4　核桃不同砧木亲和性

图4-5　黑线病

近年来，由中国林科院和洛宁林业局共同选育出了一系列的核桃杂交种："中宁强""中宁异""中宁奇"，抗逆性强，生长速度快，用作砧木效果较好。

（4）核桃楸。又称楸子、山核桃等。根系为直根系，入土深，比较抗旱、耐瘠薄、极抗寒，可耐 –50℃的低温，是核桃属中最耐寒的一个种。原产我国东北，多分布于鸭绿江沿岸，主要分布在我国东北和华北各地，适于北方各省区栽植。从目前栽植情况看，核桃楸作砧木时嫁接普通核桃成活率、保存率都低，且嫁接部位高时易出现"小脚"现象等，但可用于嫁接麻核桃。

2. 采种与贮藏

（1）采种。作砧木用的种子应从生长健壮、无病虫害、种仁饱满的壮龄树（30~50年生）上采集。当坚果达到形态成熟，即青皮由绿变黄或黄绿色，果实顶端出现裂口，青果皮极易剥离，此时即可采收。但作为种子用的，以青果皮开裂、种子自然脱出为最好。此时采收的种子的内部生理活动微弱，含水量少、发育充实，最易贮藏。为了缩短采收时间，也可在全树果实有 30%~50% 青皮开裂时 1 次采收。若采收过早，胚发育不完全，贮藏养分不足，晒干后种仁干瘪，发芽率低，即使发芽成苗，因生活力弱，也难长成壮苗。

采种方法：①拣拾法。当树上果实成熟时，随着坚果自然落地，每隔 2~3 天拣拾 1 次。②摇树或打落法。当树上果实青皮有 1/3 以上开裂时，用摇树机振落或用棍打落。为确保种子质量，种用核桃应比食用核桃晚采收 3~5 天。

采收后可直接带青皮播种，或用脱青皮机脱皮后播种，或经过晾干后再播种。种用核桃不能漂洗，直接将脱皮的坚果拣出晾晒。没脱皮机的可用乙烯利处理，3~5 天后即可脱去青皮。难以离皮的青果成熟度差，不宜留作种子。晾晒的种子要薄层摊在通风干燥处，不宜放在水泥地面、石板或铁板上受阳光直接暴晒，以免影响种子生活力。采种地点较近的也可采收后带青皮直接播种，或脱青皮后及时播种（因核桃种子无后熟期）。

（2）贮藏。春播时，种子贮藏时间较长。核桃种子的贮藏方法主要有室内干藏法、室内湿沙贮藏法和室外湿沙贮藏法。不论采用何种方法贮藏，种子在贮藏过程中仍然进行着微弱的呼吸和其他生理活动。因而贮藏期间的温度、湿度和氧气是影响种子生活力的主要条件。贮藏时温度应保持在 5℃左右，空气相对湿度为 50%~60%，适当通气，这样有利于种子较长时间的保存。

1）室内干藏法。贮藏前要将脱去青皮的核桃放在干燥通风的地方阴干，晾至坚果的隔膜一折即断，种皮与种仁不易分离，种仁颜色内外一致，种子含水率应在4%~8%范围内。普通干藏法是将秋季采的干燥种子装入袋、缸、木箱或木桶等容器内，放在经过消毒的低温、干燥、通风的室内或地窖内。种子少时可以袋装吊在室内，既防鼠害，又可通风散热。

2）室内沙藏法。选择阴凉通风的地下室或房间，用砖砌成槽，先在槽中地面上铺一层10厘米左右厚的湿沙（手握成团，松手后分成几块，此时含水量约为30%），其上放一层核桃，然后用湿沙填满空隙，这样一层种子一层沙或种子与沙混合堆放。厚度50~60厘米，每隔1米竖一通气草把。以后应经常检查沙子的湿度，干燥时淋水拌沙。

3）室外沙藏法。土壤结冻前，选择地势高燥、排水良好，背风向阳、无鼠害的地方，挖掘贮藏坑。贮藏坑的大小视种子多少而定。一般坑深0.3~1.0米，宽1~1.5米，长依种子多少而定。在北方冻土层深，贮藏坑应适当挖深些；南方较温暖，可稍浅些。贮藏前，种子应进行水选，将漂浮于水上不饱满的种子除掉，将浸泡2~3天的饱满种子取出，沙藏。先在坑底铺一层湿沙（沙的含水量同上），厚约10厘米，然后一层种子一层沙，或将种子和湿沙混匀，种子与湿沙比例为1:（3~5）填入坑内至离地面约10厘米为止，再用湿沙填平。为保证贮藏坑内空气流通，应于坑的中间（坑长时每隔2米）竖一草把，直达坑底。最后再覆土30~40厘米，呈拱形（图4-6）。早春应注意检查坑内种子状况，勿使霉烂。沙藏的种子，出苗整齐，苗势健壮。但湿度掌握不好时种子易霉烂，应注意勤检查和采用春季适时播种。

3.种子处理 秋季播种种子不需任何处理，可直接播种，但最好先将种子用水浸泡24小时，再用驱避性药剂拌后再播种。春季播种时，沙藏法种子可直接播种。干藏的种子在播种前必须进行5~7天的浸种处理。因为核桃种子外壳坚硬，吸水缓慢，如用干种子直接播种，常需50~60天才能发芽。为了确保发芽，常用的浸种方法有两种。

（1）冷水浸种法。未能沙藏的种子，量少时放入容器中用冷水浸泡，

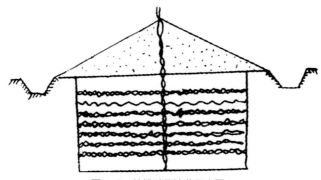

图 4-6　核桃种子沙藏示意图

量大时用麻袋或编织袋放于水池或坑中浸泡 7~10 天，每天换 1 次水。水量以埋住或超过种子为宜，为防止种子上漂，上边可加一木板再压上石头。也可将装有核桃种子的麻袋直接放在流水中，待吸水膨胀裂口时，即可播种。

（2）冷浸日晒法。将冷水浸泡过的种子置于强烈的阳光下暴晒几小时，待 90% 以上的种子裂口时，即可播种。如有不裂口的种子占 20% 以上时，应把这部分种子拣出再浸泡几天，然后日晒促裂，剩少数不裂口的可人工轻砸种子尖部。

4. 播种

（1）播种时期。分为秋季播种和春季播种 2 种。秋季播种一般在核桃采收至土壤结冻前进行，多在 10 月下旬至 11 月下旬。秋季播种的优点是：秋季播种种子在土壤中完成发芽前内部准备过程，尤其是直播青皮核桃，还可使不太成熟的种子有一段生理后熟期，翌年春季出苗早且生长健壮。

春季播种宜在土壤化冻之后进行，一般北方地区 3 月下旬至 4 月初进行。以 10 厘米的地温达 10℃以上为宜。春季播种的特点是：播种期短，田间作业紧迫。若延迟播种期，气候干燥，蒸发量大，不易保持土壤湿度，影响出苗。

（2）播种方法。育苗面积小时可用人工点播的方法，面积大时可采用机械播种以节省人力，大大提高效率，降低成本。

1）人工点播（图 4-7）。先做成 1 米宽的畦，每畦播 2 行，畦两侧各空出 20 厘米，或 2 米宽的畦 4~5 行。行距 40~60 厘米，株距 10~15 厘米。垄作时，一般垄背中间播 1 行，株距亦是 10~15 厘米。宽垄可播 2 行。最好是采用宽、窄行，便于嫁接时操作。宽行 60 厘米，窄行 40 厘米，株行距 20 厘米 × 50 厘米。

播种时种子的放置以种子缝合线与地面垂直（图 4-8），种尖向一侧摆放，胚根、胚芽萌发后垂直向下、向上生长，否则会影响苗木出土。播种深度一般为种子的 3~5 倍，种子上覆土厚度 5~12 厘米时出苗最好。床作可浅一些，垄作则要深些；秋季播种宜深，春季播种宜浅。

播种前先浇 1 次透水，待土壤湿度适宜时再播。在缺水干旱地区，可采用灌沟的方法，开沟后顺沟灌水，待水下渗后再进行播种。

图 4-7　人工点播

图 4-8　种子缝合线垂直地面

2）机械播种（图 4-9）。先将种子筛选，除去瘪、坏、烂、有虫孔的种后，按大小进行分级。播种前先将机器调整好株距，一般为 10 厘米左右。机器播种 3 个人每天可播种 8~10 亩。

（3）播种量。因株行距和种子大小及质量不同而异。若按苗床宽 2 米，每畦 4 行，株距 15~20 厘米计算，每亩需大粒种子（60 粒 / 千克）150 千克，中小粒种子（100 粒 / 千克）90 千克。每亩产苗 6 000~8 000 株。为了使苗尽快达到嫁接粗度，每亩留苗应适当少些，以培养高规格的苗木。播种前准备种子时，其总量要根据播种方法、株行距、种子大小和质量具体计算。最好先测一下发芽率，以便准确计算下种量。

图4-9　机器播种

（三）苗期管理

核桃春季播种后 20 天左右开始发芽出苗，40 天左右出齐。幼苗出齐前一般无须灌水，但北方地区，春季常干旱多风，土壤保墒能力较差，旱时需及时灌水。秋播的应在土壤解冻后灌水。5~6 月一般灌水 2~3 次，结合追施速效氮肥 2 次，每次每亩施硫酸铵 10 千克左右。7~8 月注意排涝，并做好中耕除草及病虫害防治工作。

为减少用工量，可在行间覆盖黑地膜，具有保湿、防杂草的作用（图4-10）。

图4-10　覆盖黑地膜和带状喷灌

二、接穗的培育及采集

核桃生产必须走良种化无性繁殖的道路，而优良品种因结果量大，抽枝相对较弱，很难长出优质的接穗。因此，培育良种苗必须建立采穗圃，以供应充足的接穗。

（一）采穗圃的建立

采穗圃应建在地势平坦、背风向阳、土壤肥沃、有排灌条件、交通便利的地方，并尽可能建在苗圃地内或附近。建立采穗圃可直接种植优良品种的成品苗；也可先栽植砧木苗，第二年再嫁接；还可用幼龄核桃园进行高接换头。定植前必须细致整地，施足基肥，所用苗木或接穗一定要经过严格选择，品种一定要纯正、无病虫害、来源可靠。定植时要按设计图排列，做到准确无误。最好是品种间有明显的间隔标示，栽后要填写登记表，绘制定植图。采穗圃的定植密度应该大些，一般株距为 1~3 米，行距 3~4 米（图 4-11）。

图 4-11　采穗圃

（二）采穗圃的管理

1. 整形修剪 一般对采穗母树的树形要求不严，但由于优质接穗多生长在树冠上部，故树形多采用开心形、圆头形或自然形，树高控制在 1.5 米以内。修剪主要是调整树形，疏去过密枝、干枯枝、下垂枝、病虫枝和受伤枝。在萌芽前必须重剪，要求将中短结果枝疏除，将长果枝和营养枝中短截或重短截，促其抽生较多的长枝。对外围用于扩大枝冠的骨干枝修剪要轻，有利于树冠扩大。

2. 肥水管理 密度小的定植后 3 年内可在行间种植绿肥，也可间作适宜的农作物或经济作物，这样既可充分利用土地，又可防止杂草丛生。每年秋季要施基肥，每亩 3 000~4 000 千克，追肥和灌水的重点要放在前期，发芽前和开花后各追肥 1 次，每次每亩追施尿素 20 千克。3~5 月每月浇水 1 次，也可结合追肥进行。夏秋季要适当控水，以防徒长和控制二次枝，10 月下旬结合施基肥浇足水。生长季节每次浇水后中耕除草，雨季要注意排涝。

3. 采集接穗前要摘心 春季新梢长到 10~30 厘米时对生长过强的要进行摘心，以促进分枝，增加接穗数量，还可以防止生长过粗而不便嫁接。摘心要有计划地分批进行，防止摘心后接穗抽生二次枝不能利用。另外，为了提高接后成活率和缩短萌发时间，采穗前 3~5 天进行摘心，以促饱接芽。

4. 采穗量 采穗过多会因伤流量大、叶面积少而削弱树势，因此，不能过量采穗。特别是幼龄母树，采穗时要注意有利于树冠形成，保证树形完整，使采穗量逐年增加。一般定植第 2 年每株可采接穗 1~2 根；第 3 年 3~5 根；第 4 年 8~10 根；第 5 年 10~20 根；以后则要考虑树形和果实产量，并在适当时机将采穗圃转为丰产园。

5. 病虫害防治 采穗圃的病虫害防治非常重要，必须及时进行。由于每年大量采接穗，造成较多伤口，极易发生干腐病、腐烂病、黑斑病、炭疽病等。无论病害严重与否，都要以防为主。一般在春季萌芽前喷 1 次 5 波美度石硫合剂；6~7 月每隔 10~15 天喷等量式波尔多液 200 倍液 1 次，连续喷 3 次。圃内的枯枝残叶要及时清理干净。

（三）接穗采集、贮藏、运输及处理

1.接穗采集 芽接接穗都是随采随嫁接，或短暂贮藏。贮藏时间越长，成活率越低，一般贮藏期不宜超过 3 天。初春带木质部芽接所用接穗要选择芽饱满、髓心小的枝条（图 4-12）。采集夏季芽接接穗时（图 4-13），从树上剪下后要立即去掉复叶，留 2 厘米左右长的叶柄，每捆 20 根或 30 根，标明品种。打捆时要防止叶柄蹭伤幼嫩的表皮。

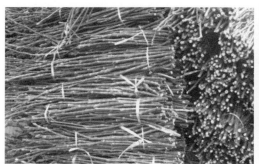

图 4-12 初春带木质部芽接接穗

图 4-13 夏季芽接接穗

2.接穗贮藏运输 初春带木质部芽接接穗用塑料袋装好扎严即可运输。夏季芽接接穗，由于嫁接时气温很高，保鲜非常重要，否则会大大降低嫁接成活率。采下接穗后，将打好捆的接穗用湿的麻袋片或毯布包好，运到嫁接地时，放在潮湿阴凉处，要及时嫁接。当天接不完的可用湿麻袋装好吊在深水井中，距水面以上 10 厘米，有条件的最好放在冷库中。

三、 嫁接时期

核桃的嫁接时期，因地区、气候条件和嫁接方法不同而异。

芽接时间：北方地区多在 2 月上旬至 3 月上旬，5 月中旬至 8 月中旬，其中 2 月中旬至 3 月上旬带木质部芽接最好，5 月下旬至 6 月下旬大方块芽接最好；7 月中旬至 8 月中旬为闷芽接。选择好适宜的嫁接时期对提高嫁接成活率很重要，嫁接的早、晚可根据情况灵活选择，嫁接早，当年苗木生长量大，但对当年所育砧木苗来说达到嫁接粗度的量少（可接率低）；嫁接晚，当年苗木生长量较小，可接率高。由于 6 月底后接芽老化，不易带生长点，加之气温太高，采用大方块芽接成活率较低，可采用带木质部芽接的方法进行嫁接。

四、 嫁接方法

核桃与其他果树相比气温对成活率的影响较大，嫁接较难成活，但近些年随着研究的不断深入和不同嫁接方法的尝试，核桃嫁接技术逐渐成熟并已大面积推广，其中夏季芽接技术操作简便、高效，已成为核桃育苗的主要方法。其他嫁接方法在生产中应用较少。

（一）芽接法

1. "T"形带木质部芽接　削取接芽时，左手正握接穗，在芽上方 0.5 厘米处横切一刀深达木质部，再在接芽的下方 2~3 厘米处向上斜削至前一横切处，取下芽片。在砧木上预嫁接部位光滑处向上稍斜横切一刀，深达木质部，再在下方约 3 厘米处（稍大于芽片）下刀向上削下皮层和很薄的木质，取下砧木上的皮块。将接芽迅速放入"T"形口上，用塑料条捆绑，将芽露在外边（图 4-14）。

2. 大方块形芽接　因该法嫁接在当年生新梢上成活率最高，因此，砧木应在早春进行平茬，即距地面 1 厘米处平剪，待出 10 厘米时留一个强壮梢，其余抹掉。该法具有操作简便、成活率高、嫁接速度快等特点。成活率可达 90% 以上，每人每天嫁接 500~800 株。所用嫁接刀有 2 种，单刀（常见芽嫁接刀）和双面芽接刀。

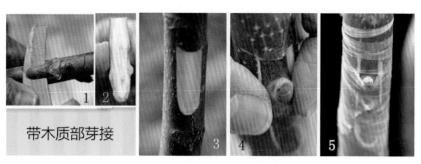

图4-14 "T"形带木质部芽接
1. 削接芽　2. 取芽片　3. 削砧木　4. 放芽片　5. 捆绑

（1）单刀嫁接。用一般芽接刀嫁接，具有嫁接速度快、节省接芽等特点，熟练工每人每天可嫁接800株左右。接穗梢部向内，左手握紧要取芽处，先在芽上部约0.5厘米处横切一刀深达木质部，再在叶柄下1厘米处从外向内横切一刀，最后用刀掀起少许皮（放水口，以免再用手撕），再用左手大拇指轻推芽柄处，根据大小用食指指甲截取芽片。先在砧木的上部横切一刀，左手拿芽片比对一下长度，再在

图4-15 单刀大方块芽接
1. 取芽片　2. 削砧木　3. 放芽片　4. 捆绑　5. 嫁接后

下部横切一刀深达木质部，在横切口的外侧竖划一刀，长度超过芽片2~3厘米作为放水口，根据芽片的宽度在内侧竖划一刀，取下砧皮。将接穗芽片镶到砧木开口处，要求上面对齐，芽片要镶到里面去，不能将芽片盖到砧木外面。注意：在镶芽片和绑缚过程中不要将芽片在砧木上来回磨蹭，避免损伤形成层。绑缚同上（图4-15）。

（2）双面刀嫁接。用自制双面刀嫁接，具有操作简单、成活率高等特点。制作时可就地取材，做出多种类型的双面刀，其边长可根据接穗节间长短不同制成大小不同的嫁接刀。双面嫁接刀的两面都可使用，一面嫁接刀片一般可嫁接500株左右（即一天嫁接的量），用钝时可随时取下换上新刀片。

1）铝合金双面刀。用3.5~5.0厘米的铝合金方管切下2厘米，再用塑板做2个中间2厘米宽的"工"字形保护片，把剃须刀片分别加于中间，用螺钉固定即可（图4-16）。

2）木制双面刀片。找一方木块，要求边长3.6~5.0厘米，厚度为2厘米，中间钻直径为2厘米的圆孔（圆孔的作用是切芽时可以让叶柄穿过，不绊叶柄；操作时便于手持，可用小手指钩住圆孔，便于绑缚等其他操作），两侧各放一个双面刀片，刀片外面加上用三合板做成的"X"形的保护片，一可防刀片割手，二可控制切芽深度，不致将接穗割断。从三合板外面两边各用两个螺钉固定即可（图4-17）。

图4-16　铝合金框双面嫁接刀

图4-17　木制双面嫁接刀

在砧木距地面 30 厘米以下，选一光滑处用特制的双面芽接刀横向划切长 1.5~2 厘米（因砧木粗细而不同），用指甲先从切口的一侧抠开，然后将切口的砧木皮撕掉，并在下切口的一侧撕下 0.2 厘米宽的树皮（叫伤流口，不一定要撕掉），以便伤流液的排出。根据砧木粗度选取相应粗度的穗条，并在成熟的饱满芽处用双面刀取芽。在接穗上取下与砧木切口大小一样的芽片（注意不要弄掉芽内部的生长点或护芽肉），迅速将芽片嵌入砧木的切口，用 2~3 厘米宽的塑料条包严包紧（不可将排水伤流液口下端包严），芽和叶柄露在外面（双刀与单刀基本相同，只是取芽和留伤流口不同）。

3. 大方块带木质部芽接　嫁接方法与单刀芽接相仿，只是取芽片时略有不同，在芽上、下部各横切一刀深达木质部，根据取芽大小在芽两侧竖切两刀，用刀尖把芽上部的皮层掀开，再把刀伸进去向下削，取下芽片。削时注意所带的木质部要越小越好，厚度约为 1 毫米（图

图 4-18　带木质部芽片

4-18）。其他操作同单刀芽接法。带木质部芽接为方块芽接的补充，接穗芽较老或有芽柄的芽，若采用方块芽接时不易带生长点，可以采用此方法。

（二）嫩（绿）枝劈接

在离地约 30 厘米处将砧木平剪，剪口下部保留 3~4 片复叶，在剪口平面的 1/3 处垂直向下切一刀，深度 2 厘米左右。接穗上保留 1~2 个芽，从芽下叶柄基部斜削一长削面（约 2 厘米）至背面，背面向内至木质部平削成约 2.5 厘米的削面，接穗从芽上 0.5 厘米处剪断，将接穗轻轻插入砧木切口中，接穗上的芽朝向髓心，略露白，对准接穗与砧木的形成层，立即用塑料薄膜（地膜）绑严。注意，包扎时不可过紧，接芽处包一层以便好破膜萌发，且要将整个接穗包严以防接穗失水（图4-19）。嫩枝劈接的时间越早成活率越高，一般在 5 上旬至 6 月上旬。

该方法（图4-20）与大方块芽接（图4-21）相比，嫁接的苗木生长直立，嫁接处愈合面较平直。

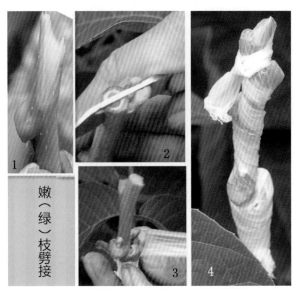

图4-19　嫩枝劈接
1.削接穗　2.切砧木　3.插接穗　4.包扎

图4-20　嫩枝劈接苗

图4-21　大方块芽接苗

（三）子苗砧嫁接

此法的优点是嫁接效率高，育苗周期短，成本低。具体方法包括培育砧木、接穗准备、嫁接、愈合及栽植等几步。

1. 培育砧木　选个大、成熟饱满、无虫蛀、无霉变的坚果为种子，根据嫁接期的需要，分批进行催芽和播种。播种前做好苗床，用腐熟的农家肥、腐殖质或蛭石做床土，或者将床土装在高25厘米、粗10厘米的塑料营养钵内，以备播种。播种时，必须使核桃缝合线同地面垂直，否则胚轴弯曲不便嫁接。当胚芽长到5~10厘米时即可嫁接。为保证砧苗干径粗度，应对子苗减少水分供应，实行"蹲苗"，亦可在种子伸出胚根后，浸蘸250克/千克的α-萘乙酸和吲哚丁酸的混合液，然后放回苗床，覆土3厘米，可使胚轴粗度显著增加。

2. 接穗准备　从优良品种（或优株）母树上采集充实健壮、无病虫害的1年生发育枝（结果母枝也可用作接穗）的中部或基部枝段。接穗要求细而充实，髓心小，节间较短，直径以1~1.5厘米为宜，将接穗剪成12厘米左右的枝段（上留1~2个饱满芽），并进行蜡封处理。

3. 嫁接　子苗嫁接采用劈接法。将子芽苗从根茎基部5厘米左右处剪断，然后从中纵切一刀，深2~3厘米（图4-22）。接穗留2~3个芽，削一个长削面（2~3厘米）和一个短削面（1~1.5厘米），要求削面平滑，

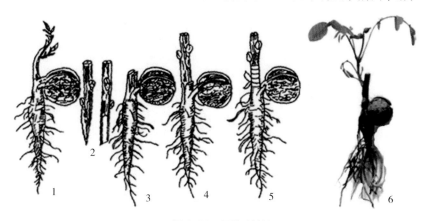

图4-22　子苗砧枝接

1. 子苗砧木　2. 削接穗　3. 切接口　4. 插入接穗　5. 绑缚　6. 接后萌发

长削面削到形成层，短削面削到髓部。接穗削好后立即插入砧木切口中，上部露白约 0.5 厘米。芽苗与接穗削口两边对齐（若芽苗与接穗大小不一致，以一边对齐为准），要求嫁接操作时动作快速而准确，在削面未变黄前完成。对接好后用准备好的嫁接专用膜把接口扎紧。接穗顶端若有切口，要注意蜡封或用嫁接膜绑扎，绑扎要求紧、匀、严。嫁接完成后立即做断根处理，并及时蘸根移栽。

4. 愈合和栽植　先做好苗床，并在底层铺 25~30 厘米厚的疏松肥沃土壤。苗床上面搭成拱形塑料棚（中间高 1.5 厘米左右），然后将嫁接苗按一定距离埋植起来，接口以上覆盖湿润蛭石（含水率为 40%~50%），愈合温度 24~30℃，棚内空气相对湿度保持在 85% 以上，并注意放风通气。经 15 天左右，接穗芽就可萌发，此时白天要揭棚放风逐步增加日照和降低气温，使苗木得到适当锻炼。30 天左右，当有 2~3 片复叶展开，当日平均气温升到 10~15℃，即可移栽到室外圃地。一般选阴天或傍晚栽植。在良好的管理条件下，当年苗高可达 40~80 厘米，地径超过 1.5 厘米。秋季应及时起苗，起苗前灌透水，以保证苗木根系完好无损。栽植前最好给根系蘸泥浆，栽后适当遮阴，并及时浇水和叶面喷水，10~15 天后待幼苗开始萌芽后除去遮阴物。为保证嫁接苗安全越冬，要进行培土、灌封冻水等防寒措施。该方法在云南、四川应用较多。

五、嫁接后的管理

（一）芽期管理

1. 抹除萌蘖　嫁接后砧木上易萌发大量幼芽（萌蘖芽），应及时抹除，可减少养分和水分的无效消耗，提高嫁接成活率，促进接芽萌芽和新梢生长。当接芽长到 30 厘米以上时，砧芽很少萌发。

2. 剪砧解膜　"T"形带木质部芽接的，待砧木发芽 5 厘米后再进行剪砧，在嫁接处以上约 2 厘米处剪截，以防水分蒸发影响生长。大方块及其带木质芽接一样需 2 次剪砧，第一次剪砧是在嫁接前或后立即剪砧，在嫁接部位以上留 1~3 片复叶（图 4-23）。嫁接后 15 天左右可用刀片将包叶柄处割一小口后取出叶柄。待新梢长 10~15 厘米时，可将塑料条解除（在接芽背面用刀

图 4-23　第一次剪砧后的嫁接苗

上下划破即可），并于接口以上 2 厘米处剪砧。

3. **摘心定形**　嫁接苗生长到一定高度之后，尽早摘心以促进分枝。争取在圃内就使苗木形成良好的幼树雏形，提高苗木的质量。一般新梢长到 1.5 米时（霜降前 1 个月）可摘心，促进木质化，增加枝干营养积累，对抗寒越冬，防止抽梢有很好的效果。

4. **其他管理**　嫁接成活后，幼苗生长旺盛，需要大量肥水。一般在嫁接后 7 天内禁忌浇水，新梢长到 10 厘米以上时方可进行浇水施肥，应将追肥、灌水与松土除草结合起来，以减少不必要的开支，进入 8 月后，控制浇水和施氮肥，适当增施磷、钾肥。

幼苗枝叶幼嫩，易受病虫危害，因此，在苗圃内应根据病虫发生情况及时进行防治，病虫害防治方法可参照病虫害防治部分。

（二）苗木出圃管理

苗木出圃是育苗过程中的一个重要环节。为了使苗木在定植后生长良好，必须做好苗木出圃工作。出圃前应对苗木进行调查和抽查，并做出详细的出圃计划和安排。出圃时的工作内容包括苗木出土、分级、包装、运输和假植等。

1. **苗木出圃与分级**　我国北方地区，核桃幼苗越冬有"抽条"现象，一般是于秋季落叶之后出圃假植，春季再栽。在没有抽条现象的地区，可在秋末冬初，落叶至上冻之前起苗，随挖随栽。起苗前 1 周要灌 1 次透水。起苗方法有人工和机械起苗（图 4-24）两种。

苗木挖出后要进行分级，以保证出圃苗木的质量和规格，提高建

园时的栽植成活率和整齐度。建园用的嫁接苗要求接合牢固，愈合良好，接口上、下的苗茎粗度要接近；苗茎通直，充分木质化，无冻害、风折、机械损伤及病虫害等；苗根的劈裂部分粗度在 0.3 厘米以上时要剪去。嫁接苗的分级标准以《主要造林树

图 4-24　起苗机起苗

种苗木质量分级》（GB 6000—1999）为准：

（1）一级苗：苗高在 68 厘米以上，地径大于 1.45 厘米，主根长度大于 40 厘米，侧根数量在 24 条以上。

（2）二级苗：苗高在 48~68 厘米，地径 1.14~1.45 厘米，主根长度为 35 厘米，侧根数量在 20 条以上。

2. 苗木包装和运输　根据苗木运输的要求，每 25 株或 50 株打成一捆，然后装入湿蒲包内，喷上水。在标签上注明品种、等级、苗龄、数量、起苗日期等，然后挂在包装外面明显处。

苗木外运最好在晚秋或早春气温较低时进行。启运前要履行检疫手续。长途运输时应加盖苫布，途中要及时喷水，防止苗木失水、发热和冻害。运到目的地之后，立即将捆打开进行假植。

3. 苗木假植　起苗后不能立即外运或栽植时，必须进行假植。根据假植时间长短分为整捆临时假植（图 4-25）和越冬分株假植（图 4-26）。临时假植一般不超过 10 天，只要用湿土埋严根系即可，干燥时洒水。越冬分株假植时间长，可选择地势高燥、排水良好、交通方便、不易受人畜危害的地方挖假植沟。

沟的方向应与主风方向垂直，沟深 1 米，宽 1.5 米，长依苗木数量而定。假植时先在沟的一头垫些松土，苗木斜放成排，呈 30~45 度，埋土露梢，然后再放第 2 排，依次呈覆瓦状排列。假植时若沟内干燥，应及时喷水，假植完毕后，埋住苗顶。土壤结冻前，将土层加厚到 30~40 厘米，春天转暖后及时扒土并检查，以防霉烂。

图 4-25 整捆临时假植

图 4-26 越冬分株假植

第五章 核桃优质高效园的建立

核桃为多年生植物，根系分布广而深，寿命长。核桃建园要因地制宜，合理布局，统筹规划。要尽量连片，进行科学建园。因核桃高效生产要求生产规模化、商品基地化，以便于管理的规范化、科学化和销售的一体化。

一、 园地选择

园地的选择不仅要考虑在适栽的范围内，还应考虑环境污染情况、市场、交通等多种因素。为了核桃高效生产，提高市场竞争力，核桃园的选择要求条件较高，选择最适生长区、无污染源、交通便利、有灌溉条件、相对集中成片，若是公司加农户模式，最好是在农户对核桃发展有较高的积极性且具有一定的技术管理基础的地方建立基地。

基地中核桃园位置的确定：一是应考虑地形、地势，在山区应避开山谷、山顶或风口；坡度应在 15~25 度及以下的浅山缓坡的阳坡建园，便于机械化作业。平原区应避开低洼、易积水的地方。二是土壤条件，尽量选择土层深厚、有机质含量高、通气性良好、排水良好的壤土和沙壤土为宜，土层厚度在 1 米以上；地下水位距地表 2 米以上。三是水源条件，应选择离水源较近的地方，以便干旱时能及时浇水。四是应考虑前茬树种，若前茬种植了核桃、柳树、杨树、槐树的土壤再植核桃，容易感染根线虫病、根腐病。因此，避免在上述前茬的土壤中栽植核桃。

二、 果园规划

基地选好后，应进行整体规划和核桃园建设。为了使基地能成为现代化的核桃生产基地，充分利用土地资源，便于管理和园内操作，应进行科学的规划设计，其内容包括生产小区、道路、防护林、排灌系统、水土保持及品种选择和配置等。

（一）生产小区（作业区）

生产小区的划分可根据地形、地势、土壤、排灌系统、道路等情况而定。面积一般为50~100亩，规模较小的核桃园，也可定为30~50亩为一小区。为了便于小区内的机械化耕作和管理，以长方形为好，长边与短边的比例以（2~3）：1为宜，沙滩地或平地生产小区的长边应与主风方向垂直，以便设置防护林。山地小区的大小与排列，可随地形而定，但长边应与等高线平行，以便管理并达到较高的水保效果。每6~8个小区可划分为一个管理区，以便于规模化管理。

（二）道路

道路的设计应从长远考虑，根据地形、地势、核桃园规模、最高产量及运肥量等因素而定。一般中型和大型核桃园由主路、支路和作业道路组成。

1.主路　要求位置适中,是贯穿核桃园的大路,并与外边公路相连,便于运送果品和肥料。其宽度一般为4~5米。山地主路应环山而上或呈"之"字形，从而减小路面的坡度，便于车辆向上行驶。

2.支路　是连接主路通向小区的道路，宽度以能通过一辆卡车为宜，一般3~4米。山区核桃园的支路可顺坡修路，设在分水线上。主路与支路都可作小区的边界。

3.作业道路　是小区内从事生产活动的要道，宽度要求达2~3米。小型核桃园为了减少非生产用地，可不设主路和小路，只设支路。

（三）防护林

防护林具有降低风速，减少风、沙、旱、寒的危害和侵袭，增加空气湿度，调节温度等改善环境的作用。山区核桃园防护林还有防止土壤冲刷，减少水土流失，涵养水源的作用。建造防护林时要根据当地的有害风的风向、风速、地形等因素，科学设计林带的走向、结构、间距及适宜树种组合。

（四）排灌系统

排灌系统是加强核桃园科学管理的一项重要措施。其主要包括水源、水渠、排水沟和排灌机械。为了保证高档优质核桃生产的持续、稳定，必须建排灌系统。平原水源多为井水和渠水，山区水源多为库水和蓄水。灌水渠的布局可与道路结合，设在小区之间的路边，山区渠道宜设在梯田的内侧。主渠与支渠最好用水泥或石块砌成，以免渗漏。

核桃树喜土壤湿润，但怕涝，地下水位距地表小于 2 米，核桃的生长发育即受抑制，所以在地下水位高、土壤黏重或下面有不透水的潜育层及核桃园坡度大、雨季水流急的地方，均要设计排水系统。排水沟一般设在坡下方，小区边设支水沟，最后汇集到总排水沟中。无论是灌水渠或是排水沟都要有一定的比降，一般为 0.3%~0.5%，即 100 米长的水渠（或沟），上、下游高差为 0.3~0.5 米，以利水流畅通。

有条件的地方最好采用滴灌系统，特别是山区，因灌溉不便、劳动力少，这样，既有利于核桃树根系吸收，又可节约用水、节省劳力、提高效率。

三、 整地技术

种植地要求土层深厚、有机质含量丰富、地下水位低、土壤透气性好等条件，无论平原或山地，栽植前都应进行细致整地或土壤改良工作。山地地形复杂，土壤条件差，常采用如下几种整地方法：

1. **水平阶** 一般沿等高线将坡面修筑成狭窄的台阶状台面（图 5-1）。阶面水平或稍向内倾斜，有较小的反坡；阶面宽因地而异，石质及土石山可为 0.6~0.8 米，黄土地区可为 1.5~3 米；阶外缘培修土埂或不修土埂，阶长不限。施工时是从坡下开始，先修第一阶，然后将

图 5-1　水平阶整地

第二阶的表土下填，依次类推，最后一阶可就近取表土盖于阶面。一般用于山地和黄土地区各种植被覆盖和土层厚的缓坡和中等坡。

2. 水平沟　水平沟是沿等高线挖沟的一种整地方法。种植核桃要求规格较高，水平沟的上口宽 1~1.5 米，沟底宽 0.8~1 米（图 5-2）。挖沟时先将表土堆于上方，用底土培埂，再将表土填盖在植树斜坡上，也可以将表土层铲下培于沟的下方，然后再从沟内挖心土盖在表土上培埂（图 5-3），最后在内斜坡栽植苗木。

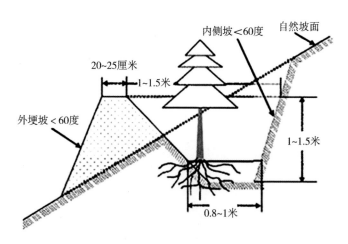

图 5-2　水平沟施工示意图

图5-3 不同部位土的填置

3. 修筑梯田 梯田在修筑前，要做好规划设计。一般在坡度25度以下的坡地，因山地地形复杂，可采取大弯就势，小弯起高垫低的方法，尽量筑成整块连片的梯田。梯田的田面宽度与高度，应按地面坡度大小决定。一般5度坡，坡田面宽为5~15米；15度坡，坡田面宽为5~10米；20~25度坡，坡田面宽为3~6米。坎壁高度一般不超过1.5米，坎壁的上部应稍向内倾斜，保持75度（图5-4）。

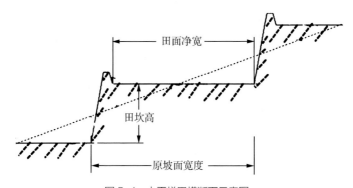

图5-4 水平梯田横断面示意图

水平梯田施工时，先用水准仪测出两点的水平线，沿水平线清基，清基宽、深0.8~1.2米，清基的槽底要铲平，填土少许再夯实。每砌一层稍稍向内收缩一些，分层砌筑直到稍高出田面20~30厘米为止，以防水浸埂。最后把坡上方的灌木、杂草，以及所有可用土全部填入沟中，再填平即可。在内侧挖深、宽各50厘米的排水沟。

4. 反坡梯田　梯田面向内倾斜成坡度较大的反坡，田面宽 2~3 米，埂外坡和内侧坡约 60 度（图 5-5）。反坡梯田蓄水保土、抗旱保墒能力强，改善立地条件的作用大，核桃生长发育好。

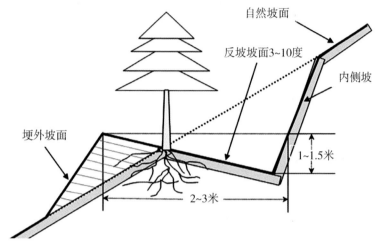

图 5-5　反坡梯田施工示意图

5. 修鱼鳞坑　适于坡度大、地形复杂、土层浅薄、不易修筑梯田的斜坡地。挖鱼鳞坑应"水平"，按一定株、行距定坑，等高排列，上、下坑错落有序，整个坡面构成鱼鳞状。挖鱼鳞坑的外沿培土高出地面成弧形的埂，埂高 40 厘米，底宽 60 厘米以上（根据鱼鳞坑的规格定，图 5-6、

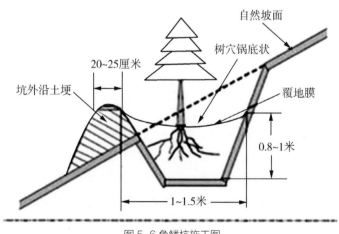

图 5-6 鱼鳞坑施工图

图 5-7)。埂土要夯实，两侧留出溢水口。两坑间隙保留生草，坑内填土栽树。

鱼鳞坑的规格：一般为 1.0 米 × 1.0 米 × 0.8 米或 1.5 米 × 1.5 米 × 1.0 米。

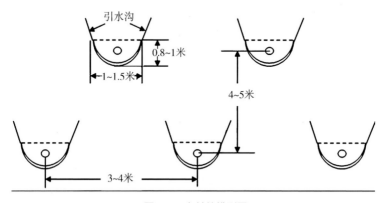

图 5-7 鱼鳞坑排列图

四、 栽植技术

（一）栽植方式

核桃栽植方式主要有长方形栽植、等高栽植、正方形栽植、三角形栽植和带状栽植等方式（图 5-8）。

1. 等高栽植 是山坡地多采用的方式，按等高线栽植，利于水土保持和管理。山坡地在整梯田或鱼鳞坑时要求按等高线布点挖，在梯田或鱼鳞坑中栽植核桃树时均是等高栽植。

2. 长方形栽植 是生产上广泛采用的方式。行距大、株距小，有利于通风透光，便于行间间作、机械化耕作及管理。

3. 正方形栽植 株、行距相等，便于管理。

4. 三角形栽植 株距大于行距，各行互相错开而呈三角形排列，

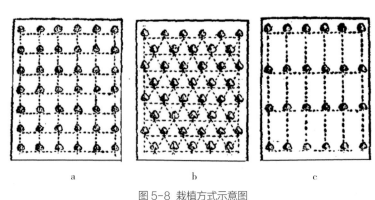

图 5-8 栽植方式示意图

a. 正方形栽植　b. 三角形栽植　c. 长方形栽植

按等边或等腰三角形栽植，可充分利用空间。此种栽植可提高单位面积上的株数，比正方形多栽 11.6%。但不便于管理和机械操作。

5. 带状栽植　一般以两行或几行树为一带，带距为行距的 3~4 倍。带内栽植为正方形或长方形。由于带内较密，群体抗逆性较强，但单位面积内栽植的株数较少。

（二）栽植密度

栽植密度应根据品种特性、土壤肥瘠、地势、栽植方式、整形方式和管理水平等因素，综合权衡后确定，一般山坡地比平地栽植密，瘠薄地比肥沃地栽植密，管理水平高的可以适当密植。在土层深厚、土质良好、肥力较高的地方栽植晚实型核桃时，株行距应大些，可采用株距 6~8 米、行距 8~9 米的密度；若在土层较薄，土质较差，肥力较低的山地，可采用株距 5~6 米、行距 6~7 米的密度。核桃与粮食作物间作时，行距可加大些，以株距 7 米、行距 14~21 米为宜。对于集约化管理的早实短果枝品种，建园时可适当密植，或采用纺锤形整形时，可按 3 米 ×5 米或 4 米 ×4 米的株行距定植。

（三）品种选择与授粉树配置

品种选择要根据当地的环境条件和品种的特性等因素综合考虑。

首先应选择适应当地的气候、土壤等环境条件的优良品种，做到适地、适树、适品种。引进外地优良品种时，一定要经过试种，表现好的方可大面积发展。

核桃具有雌雄异熟、风媒传粉、有效传粉距离短及品种间坐果率差异较大等特点，为了相互间能保证良好的授粉条件，达到优质、丰产的目的，建园时最好选用2~3个能够互相提供授粉机会的主栽品种。若需专门配置授粉树时，可按4~5行主栽品种配置1行授粉品种或株间交叉的方式定植。原则上主栽品种同授粉品种的最大距离小于100米，主栽品种与授粉品种的比例为（6~8）：1，并要求授粉品种的雄花盛期同主栽品种的雌花盛期一致，授粉树的品种坚果品质较好。品种的具体配置可参照表5-1，左边一栏的任何一个品种可用右边一栏的任一品种作授粉树。

表5-1 主要核桃品种的适宜授粉品种

主栽品种	授粉品种
晋龙1号、晋龙2号、晋薄2号、西扶1号、香玲、西林3号	北京861、扎343、鲁光、中林5号
北京861、鲁光、中林3号、中林5号、扎343	晋丰、薄壳香、薄丰、晋薄2号
薄壳香、晋丰、辽宁1号、新早丰、温185、薄丰、西洛1号、西洛2号	温185、扎343、北京861
中林1号	辽宁1号、中林3号、辽宁4号
香玲、岱丰	辽宁6号
岱香、辽宁1号	香玲、鲁光

（四）栽植时期

核桃树栽植的适宜时期应根据当地的气候特点而定。一般秋末落叶后到春季生长开始以前进行。因这时苗木处于休眠状态，体内贮藏营养丰富，水分蒸腾较少，根系易于恢复，栽植成活率较高。

在气候温和的华中、华南地区，宜在秋季苗木出圃后立即定植，此时地温较高，有利于根系伤口愈合和生长，为翌年春的萌芽和枝叶生长做好了准备，还可省去苗木的假植；相比春栽缓苗时间短、生长量大。在北方冬季严寒地区，冬季低温时间长，易因生理干旱造成"抽条"或出现冻害而降低成活率，故以解冻后至萌芽前的春栽为宜。

（五）苗木准备

苗木以 1~2 年生良种嫁接苗栽植成活率较高。其标准应按照国家标准《主要造林树种苗木质量分级》（GB 6000—1999）的 I 级和 II 级苗备苗，且要求接口愈合良好、充实、健壮、无病虫危害。若是长途调苗，要经严格的病虫检疫和保湿包装。

（六）苗木栽植技术

苗木最好是随起随栽。长途调苗，苗木根系要蘸泥浆后用湿草袋包装根系，以防途中根系失水，苗木运到后要立即假植。栽植苗最好用 80~100 毫克 / 千克的生根粉液或高分子吸水剂蘸根，且要将因起苗造成的伤口修齐，以防毛茬烂根。

按照核桃园规划设计好的株行距，先用测量绳测量，点上石灰作为定植点标记，然后再挖坑。栽植前宜把坑全部挖好，春栽的最好在秋末挖好，以便使坑土在冬天充分风化，栽植后有利于苗木生长。面积大时最好采用机械挖坑，效率高、成本低。挖坑时要把表土和心土

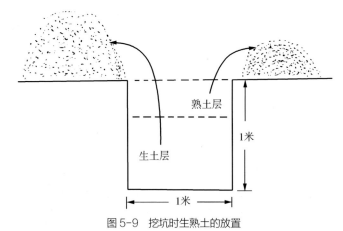

图 5-9　挖坑时生熟土的放置

分开放于坑的两边（图 5-9），坑的大小要根据土壤情况而定，土壤肥沃、疏松的根系容易生长，坑 0.8 米见方；土质黏重或下层为石砾、不透水层、瘠薄的地方，根系不易扩展，应加大坑的规格，要求 1 米见方或更大，并采用客土、填草或填表皮土等措施来改良土壤（图 5-10），

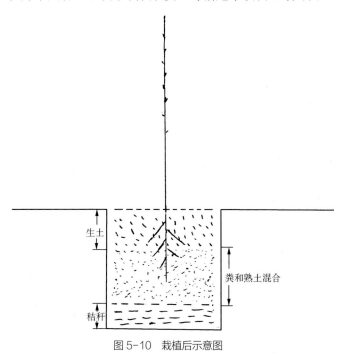

图 5-10 栽植后示意图

为根系生长发育创造良好的条件。

栽植前先将每坑的表土与 20~50 千克厩肥或堆肥和 2~3 千克磷肥充分混合，取其一半填入坑内（或坑底每穴压入秸秆 5 千克，再施入农家肥），然后按品种配置设计将苗木放入坑内，同时要进行前后、左右瞄直。将另一半掺入肥土分层填入坑中，每填一层土都要踏实，以减少灌水后的下沉幅度。边填土边将苗木稍稍上下提动，以使土落入根系缝隙中，根系充分伸展与土壤接触，最后填入心土至接近地面。填土的高度以苗木根茎高于地面约 5 厘米为宜，并在坑四周修起土埂。栽后立即灌透水，土壤下沉后要求根茎与地面平齐。有条件的地区最

好在栽后 7~10 天再灌 1 次水。以后视墒情和实际条件决定灌水次数。

（七）栽植后管理

为了保证苗木成活，栽后同样需要有精细的管理。

1. 保湿 栽植后在树干周围堆成丘状土堆或覆 1 平方米的黑地膜保湿，保湿又防草（图 5-11）。在干旱地区，覆膜可有效提高苗木的成活率。要经常检查土壤湿度，干旱时应及时浇水。有条件的最好铺设滴灌系统（图 5-12、图 5-13）。

图 5-11 栽后覆盖黑地膜

图 5-12 栽后覆盖黑地膜加滴灌

图 5-13 栽后整体效果图

2. 防寒 北方寒冷地区秋栽时，可在入冬前在树干上包扎稻草或在苗木基部培土防寒或将苗木弓形压倒埋土防寒。

3. 定干 在春季萌芽前进行定干，定干高度一般早实核桃为 0.8~1.2 米，晚实核桃为 1.2~2 米，当年达不到定干高度的，可在第二年再定干，具体高度应依立地条件、管理方式及经营目的而异（图 5-14）。

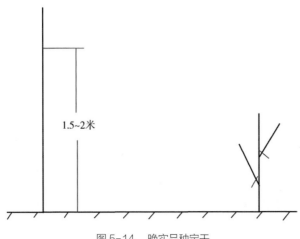

图 5-14 晚实品种定干

4.补植 春季发芽展叶后,应进行成活率情况检查,找出死株原因,及时补栽。

此外,苗木生长季节注意及时进行病虫害防治、少量多次施肥、灌水、中耕除草和抹砧木上的芽等项工作。

第六章 核桃园土肥水管理技术

土肥水管理是核桃生长发育、高产稳产、优质高效的前提和保证，同时也是核桃安全生产、保护环境的前提。目前，我国大部分核桃在立地条件下相对较差的丘陵，更需要加强土肥水管理，以提高产量和效益。

一、 土壤管理

（一）土壤深翻

土壤翻耕可以熟化土壤，改善其结构，增加透气性，提高保水保肥的能力，减少病虫害，加深根系分布层，扩大其吸收营养范围，增强树势，提高产量。深翻时期宜在采收后至落叶前进行。此时断根容易愈合、发新根，若结合秋季施基肥，有利于树体吸收、积累养分，为第2年生长和结果奠定良好基础。深翻一般结合施基肥进行，深度60~80厘米。深翻种类为全园深翻、隔行深翻、梯田深翻和扩穴深翻。

（二）浅翻

浅翻适用于土壤条件较好或深耕有困难的地方。其方法：有人工挖、刨和机耕等。每年春、秋季进行1~2次，深度为20~30厘米，春翻深度宜浅，秋翻深度宜深些。可以树干为中心，在2~3米半径的范围内进行。翻耕时，不宜伤根过多，尤其是粗度1厘米以上的根。

（三）水土保持

栽培于山地梯田或坡地的核桃树，由于地面有一定坡度，水土流失较严重，尤其大暴雨过后，会冲走大量的肥沃土壤中的有机质，严重时可使核桃根系外露，树势减弱，产量下降。为此，必须采取有效的水土保持措施。常见的措施为修梯田、挖撩壕和挖鱼鳞坑。

（四）合理间作

核桃较其他果树容易管理，与粮食作物没有共同的病虫害，一般年份，病虫发生较轻，用药次数少，不会污染环境。肥水方面虽存有矛盾，但是只要加强肥水管理、科学调整粮食作物，便能获得核桃和粮食双丰收。

间作物要求矮秆，种类有绿肥作物，如三叶草、紫苜子或豆科植物，来抑制草荒、增加有机质。农作物主要有薯类、花生（图6-1）、豆科、西瓜（图6-2）等，以及中药材（图6-3）、果苗（图6-4）等。

图6-1　间作花生

图6-2　间作西瓜

图6-3　间作中药材（冬凌草）

图6-4　间作核桃苗

（五）清耕（中耕除草）

清耕核桃园内不种其他作物，保持表土疏松无杂草（图6-5）。清耕法可有效地促进微生物繁殖和有机物氧化分解，显著改善和增加土壤中的有机态氮。

目前多采用旋耕机进行中耕，中耕的时间和次数因气候条件和杂草量而定，一般每年进行 3~5 次，深度以 6~10 厘米为宜。

图6-5 中耕除草

（六）果园生草

果园生草有利有弊。其利为：快速提高土壤的有机质含量，改善土壤结构，增进地力；增加果园天敌数量；减少土壤表面温度变幅，有利于核桃树根系的生长发育。山地、坡地果园生草可起到水土保持作用，减少果园投入。其弊为：与核桃争水争肥；易加重病虫害；长期生草影响土壤通透性；易滋生有害杂草等。因此，在实行生草时可结合清耕等其他管理措施克服其弊端。

图6-6 果园生草

核桃园生草最好选用三叶草、紫花苜蓿、扁豆黄芪、绿豆等豆科牧草（图 6-6），也可用豆科和禾本科牧草混播或与有益杂草如夏至草搭配。

（七）树下覆盖

树下覆盖是在核桃树下用鲜草、干草、秸秆、糠壳或地膜、布等覆盖地面，是近些年发展起来的土壤管理技术。树下覆盖有减少地表水分蒸发、抑制杂草丛生、保持土壤湿度、提高地温的作用，覆盖物腐烂后，还能提高肥力、改善土壤结构。

1. 覆草、秸时期 一年四季均可进行，但以夏末、秋初为最好。覆草厚度以 15~20 厘米为宜，并在草上进行斑点状压土，以免被风吹散或引起火灾。

2. 覆盖黑地膜、布（除草无纺布、园艺地布）时期 可以减少杂草，保温保湿。一般选择在早春进行，最好是春季追肥、整地、浇水或降雨后，趁墒覆盖地膜、布。覆盖地膜时地膜的四周要用土压实，最好使中间稍低以利于汇集雨水（图6-7）。

图 6-7 覆盖黑地膜

（八）化学除草

化学除草就是用除草剂除草，可以节省劳力，降低管理成本和提高劳动效率。核桃树对除草剂比较敏感，使用时要选择无风天气，以免药液接触到核桃树枝叶和果实上，发生药害（图6-8）。因此，在使用除草剂之前，必须掌握除草剂的特性和正确的使用方法，根据具体情况选择适宜的药剂，最好先进行小面积试验，确定其使用时间和用量，再大面积推广应用。

目前生产中常用的除草剂有西马津、草甘膦、茅草枯、敌草隆等，具体使用方法见表6-1。

图 6-8 除草剂造成的核桃药害

表 6-1　常用除草剂使用方法

名称	类型	防除对象	常用剂型	使用方法	注意事项
草甘膦	灭生性内吸传导型	1~2 年生禾本科杂草，多年生深根性杂草	10% 水剂	茎叶处理，亩用药 1.0~1.5 千克，水 50~100 倍，加 0.2% 洗衣粉，喷施	无风天喷洒，严禁喷到核桃枝叶上
百草枯	触杀灭生型	1 年生阔叶和禾本科杂草，对多年生深根性杂草只能抑制	20% 水剂和 5% 水溶性颗粒剂	春季草高 15~25 厘米时，亩用0.3~0.5 千克水剂加水 50 千克，茎叶处理	避免喷到核桃枝叶上，对人眼、呼吸道、指甲有害
敌草隆	选择性内吸型	防除狗尾草、旱稗、野苋菜、灰灰菜等 1 年生和多年生杂草	25% 可湿性粉剂	杂草萌发时亩用 0.5~1.0 千克，加水 50~60 千克，地面喷洒	避免喷到核桃枝叶上
西马津	选择性内吸传导型	1 年生禾本科和阔叶杂草	50% 可湿性粉剂	杂草萌发前或除草后土壤处理，亩用药 0.5~0.6 千克	避免触及核桃枝叶
茅草枯	选择性内吸兼触杀型	多年生或 1 年生禾本科杂草	工业原粉和80% 粉剂	茎叶处理，亩用 0.2~0.5 千克，加水 300 倍，喷施，可与西马津混用	对人眼和皮肤有刺激作用，避免喷到核桃枝叶上

二、科学施肥

　　施肥是保证核桃树体生长发育正常和达到优质高产稳产的重要措施。它不但可直接供给养分，而且可以改善土壤的机械组成和结构，促进幼树的根系发育、花芽分化和提早结果。随着树龄的增加需肥量增大，若供肥不足或不及时，树体营养物质的积累和消耗失去平衡，从而影响树体生长，致使花量减少，落果严重，果小、品质差，产量下降。

　　核桃的生长发育需要多种营养元素，某种元素的增加或减少，元素间的比例关系就会失调，所以肥料不能单一施用，既施无机肥，也要施有机肥、复合肥，同时应注意各元素间的比例关系。各种元素各需多少，应根据土壤类型、树势强弱、肥料的种类与性质来确定。

（一）科学施肥的依据

1.核桃树需肥特性 核桃树体高大，根系发达、寿命长，加之结果早，产量高，每年要从土壤中吸收大量营养元素，尤其氮需求量要比其他果树大1~2倍。研究表明，每产100千克坚果，要从土壤中吸收纯氮1.456千克，纯磷0.187千克，纯钾0.47千克，纯钙0.155千克，纯镁0.039千克，在核桃的生长发育过程中，缺乏任何元素都会影响其产量和品质。

2.形态诊断 根据树体的外部形态，判断某些营养元素的亏欠来指导施肥。一般叶片大而多、叶厚而浓绿、枝条粗壮、芽体饱满、结果均匀、品质优良、丰产稳产者为营养正常，否则应查明原因，采取措施加以改善。现将常见的核桃缺素症状描述如图6-9，以供实际诊断中参考。

3.营养诊断 营养诊断一般能及时准确地反映树体营养状况，不仅能查出肉眼见到的症状，分析出多种营养元素的不足和过剩，分辨

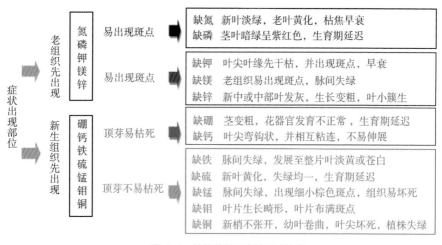

图6-9 植物营养元素缺乏症检索

两种不同元素引起的相似症状，而且能在症状出现前及早测知。因此，借助营养诊断可及时施入所需肥料的种类和数量，以保证其正常生长与结果。

营养诊断是按统一规定的标准方法测定叶片中矿物质元素的含量，与叶分析的标准值（表6-2）比较确定该元素的盈亏，再依据土壤营养状况、肥效指标及矿物质元素间的相互作用，制定施肥方案和肥料配比，指导施肥。

表6-2　7月核桃叶片矿物质元素含量标准值参考

元素		缺乏	适生范围	中毒
常量元素（%，干重）	氮	＜2.1	2.2~3.2	
	磷		0.1~0.3	
	钾	＜0.9	＞1.2	
	钙		＞1.0	
	镁		＞0.3	
	钠			＞0.1
	氯			＞0.3
微量元素（毫克/千克，干重）	硼	＜20	36~200	＞300
	铜		＞4	
	锰		＞20	
	锌	＜18		

（二）肥料的种类和特点

1. 有机肥　有机肥是指含有较多有机质的肥料，主要包括粪尿类、堆沤肥类、秸秆肥类、绿肥、杂肥类、饼肥、腐殖酸类、海肥类、沼气肥等（又称农家肥）。有机肥具有如下特点。

（1）养分全面。有机肥除了含有大量元素和微量元素外，还含有丰富的有机质，是一种完全肥料。

（2）有机肥营养元素多呈复杂的有机形态，必须经过微生物的分解，才能被果树吸收、利用。肥效缓慢而持久，一般为3年，是一种迟效性肥料。

（3）有机肥养分含量较低，施用量大，施用时不方便，因此在积肥时要注意提高质量。

（4）有机肥含有大量的有机质和腐殖质，对改土培肥有重要作用，除直接供给土壤大量养分外，还具有活化土壤养分、改善土壤理化性质、促进土壤微生物活动的作用。

2. 化肥　化学肥料又称为无机肥料，简称化肥。常用的化肥分为氮肥、磷肥、钾肥、复合肥料、微量元素肥料等，具有以下特点：

（1）养分含量高，成分单纯。化肥与有机肥相比，养分含量便于包装、运输、储存和施用。化肥所含营养单纯，一般只有一种或少数几种营养元素，有利于核桃选择吸收利用，但养分不全面。

（2）肥效快而短。多数化肥易溶于水，施入土壤中能很快被果树利用，能及时满足树体对养分的需求，但肥效不如有机肥持久。

（3）有酸碱反应。包括化学和生理酸碱反应两种。化学酸碱反应指溶解于水后的酸碱反应，过磷酸钙为酸性，碳酸氢铵为碱性，尿素为中性。生理酸碱反应是指肥料经核桃吸收后产生的酸碱反应。硝酸钠为生理碱性肥料，硫酸铵、氯化铵为生理酸性肥料。

（4）破坏土壤结构，造成板结。因化肥中不含能改良土壤的有机质，长期单纯施用某一种化肥会破坏土壤结构，造成土壤板结。

（三）合理施肥的原则

1. 以有机肥为主，合理搭配化肥施用　有机肥养分丰富，肥效长，但肥效较慢，难以满足核桃在不同生育阶段的需肥要求，而且所含养分数量也不能满足核桃一生中总需肥量的需求。化肥则养分含量高、浓度大、易溶性强、肥效快，在核桃急需养分的生育期内施用化肥，能及时满足其需要，是核桃增产和高产不可缺少的重要肥源。但化肥养分比较单纯，长期施用会破坏土壤结构。将有机肥和化肥配合施用，有利于实现高产稳产和优质，提高肥料利用率，节省肥料，降低生产成本。

2. 氮、磷、钾合理搭配　在施用氮肥的基础上，配合施用一定的磷、钾肥，不仅可以有效提高产量，而且可以增加核桃的品质。

3. 施肥方法综合使用，以土施基肥为主 主要的施肥方法有基肥、根部追肥和根外追肥 3 种。一般基肥应占施肥总量的 50%~80%，还应根据土壤肥力和肥料特性而定。根外追肥简单易行、灵活，对于需要量小、成本高的微量元素，可以通过叶面喷肥补充，也可与基肥充分混合后施入土壤中，或结合喷药，加入一些尿素、磷酸二氢钾，可提高光合作用，改善果实品质，提高抗性。

（四）核桃不同发育期的需肥量

施肥量要根据土壤肥力、生长状况、肥料种类及不同时期对养分的需求来确定。核桃树同其他多年生木本植物一样，个体发育可分为 4 个阶段，即幼龄期、结果初期、盛果期和衰老期。根据多年施肥实践，一般来说，幼树应以施氮肥为主，成年树则应在施氮肥的同时，增施磷肥和钾肥。

1. 幼龄期 营养生长旺盛，主干的加长生长迅速，骨干枝的离心生长较强，生殖生长尚未开始。此期每株年平均施氮 50~100 克，磷 20~40 克，钾 20~40 克，有机肥 5 千克，氮：磷：钾为 2.5：1：1，可以满足树体对氮、磷、钾的需求。

2. 结果初期 营养生长开始缓慢，生殖生长迅速增强，相应磷、钾肥的用量增大，此期每株年施入氮 200~400 克，磷 100~200 克，钾 100~200 克，有机肥 20 千克，氮：磷：钾的比例为 2：1：1，这种比例有利于树体的吸肥平衡。

3. 盛果期 此期时间较长，营养生长和生殖生长相对平衡，树冠和根系达到最大程度，枝条开始出现更新现象。此期需加强综合管理，科学施肥灌水，以延长结果盛期，取得明显效益。这一时期要加大磷、钾肥的施入量，每株年施入氮 600~1 200 克，磷 400~800 克，钾 400~800 克，有机肥 50 千克，氮：磷：钾的比例为 3：2：2。随着树龄的增大，可适当加大一点磷、钾肥的施入量。同时要根据树叶内含有的营养元素配合施入微量元素。如果没有叶分析条件，可根据缺素表现症状观察及时施入缺少的元素。正常生长结果的核桃叶片中各种含量见表 6-3，可作为施肥量的参考基础，但仍需考虑土壤的具体情况和树体生长的营养状况。

表6-3　核桃叶片含有的矿物质营养元素（干重）

元素	氮(N)（%）	磷（P）（%）	钾（K）（%）	镁（Mg）（%）	钙(Ca)（%）	硫（S）（毫克/千克）	锰（Mn）（毫克/千克）	硼（B）（毫克/千克）	锌(Zn)（毫克/千克）	铜(Cu)（毫克/千克）
含量	2.5~3.2	0.12~0.3	1.2~3.0	0.3~1.0	1.25~2.5	170~400	30~350	35~300	20~200	4~20

　　另外，早实核桃与晚实核桃的施肥量标准略有不同：①晚实核桃类，按中等土壤肥力和树冠垂直投影面积1平方米计算，结果前1~5年，年施肥量为氮肥50克，磷、钾肥各10克，并增施农家肥5千克。进入结果期以后的6~10年内，年施肥量为氮肥50克，磷、钾肥各20克，并增施农家肥5千克。②早实核桃类，一般1~10年生树，年施肥量为氮肥50克，磷、钾肥各20克，并增施农家肥5千克。成年树施肥量，可根据幼树的施肥量来确定，但应适当增加磷、钾肥的用量。施肥量可参考表6-4。

表6-4　核桃树施肥量标准

时期	树龄（年）	每株树平均施肥量（有效成分）（克）			有机肥（千克）
		氮	磷	钾	
幼树期	1~3	50	20	20	5
	4~6	100	40	50	5
结果初期	7~10	200	100	100	10
	11~15	400	200	200	20
盛果期	16~20	600	400	400	30
	21~30	800	600	600	40
	> 30	1 200	1 000	1 000	> 50

　　需肥情况因立地条件而不同。一般来讲，山地、沙地土壤瘠薄，易流失，施肥量要大，应以多次施肥的办法加以弥补；土质肥沃的平地园，养分释放潜力大，施肥量可适当减少。不同土壤酸碱度、地形、地势、土壤温度和土壤管理，对施肥量、施肥方法也均有影响。因此，正确的施肥方法应做好园地土壤普查，根据其结果决定园内肥料的施入量，做到肥料既不过剩而又经济有效地被利用。

（五）肥料种类

我国常用的肥料可分为有机肥和无机肥。现将各类肥料的种类及其有效成分介绍如下，供确定施肥量时参考。

1. 有机肥料 主要有厩肥、人粪尿、畜禽粪、绿肥等。有机肥料含有多种营养元素（表6-5），属于完全肥料。肥效长，而且有改良土壤、调节地温的作用。

表6-5 各种有机肥料的氮、磷、钾含量

名称	氮（N）（%）	磷（P_2O_5）（%）	钾（K_2O）（%）	有机质（%）	状态
人粪	1.04	0.36	0.34	19.8	鲜物
人尿	0.43	0.06	0.28	3	鲜物
人粪尿	0.5~0.8	0.2~0.4	0.2~0.3	5~10	腐熟后鲜物
猪厩肥	0.45	0.19	0.6	15	腐熟后鲜物
马厩肥	0.58	0.28	0.63		腐熟后鲜物
牛厩肥	0.45	0.23	0.5	14.5	腐熟后鲜物
羊厩肥	0.83	0.23	0.67		腐熟后鲜物
混合厩肥	0.50	0.25	0.6		腐熟后鲜物
土粪	0.12~0.58	0.12~0.68	0.12~0.53		风干物
普通堆肥	0.4~0.5	0.18~0.20	0.45~0.70	5~8	鲜物
高温堆肥	1.05~2.0	0.3~0.8	0.47~0.53	8~15	鲜物
鸡粪	1.63	1.54	0.85		鲜物
家禽粪	0.5~1.5	0.5~1.5	0.5~1.5		鲜物
棉花饼	6.21	3.06	1.58	83	腐熟后鲜物
豆饼	6.55	1.32	2.46		腐熟后鲜物
花生饼	7.56	1.31	1.5		腐熟后鲜物
绿肥	0.5~1	0.1~0.3	0.5~1	30~60	腐熟后鲜物

2. 无机肥料 通称化肥。根据所含营养元素可分为以下4类：

（1）氮素肥料。主要有硝酸铵、碳酸氢铵、尿素等。

（2）磷素肥料。主要有过磷酸钙、磷矿粉等。

（3）钾素肥料。主要有硫酸钾、氯化钾、草木灰等。

（4）复合肥料。含有两种以上营养元素的肥料。主要有硝酸磷、磷酸二氢钾、果树专用复合肥等。

化肥一般养分含量较高（表6-6），速效性强，施用方便。但是，这些肥料不含有机质，长期单独使用会影响土壤结构，故应与有机肥配合使用。

表6-6　几种化学肥料养分含量及主要性质

名称	养分含量（％）	主要性质	主要用途和注意事项
碳酸氢铵	含氮17	白色细粒，结晶，易挥发	追肥
硫酸铵	含氮20.5~21	白色晶体，易吸湿结块	追肥
硝酸铵	含氮34	白色结晶，吸湿性很强	追肥
尿素	含氮45~46	白色结晶，易溶于水	追肥要提前，施后2天不灌水
过磷酸钙	含五氧化二磷16~18	灰白色具有吸湿性，易被土壤固定	基肥、追肥要集中施用，与有机肥混用
硝酸磷	含氮25~27，含五氧化二磷11~13.5	具一定的吸湿性	基肥、追肥均可
氯化钾	含钾50~60	白黄色，结晶，易溶	基肥与有机肥同施

（六）施肥时期

根据树体生长发育的特点、肥料的性质及土壤中营养元素和水分变化的规律应作为施肥期的依据。

1.掌握好需肥期　需肥期与物候期有关。养分在树体中的分配，首先满足生命活动最旺盛的器官，萌芽期新梢生长点较多，花器官中次之；开花期花中最多，坐果期果实中较多，新梢生长点次之；在整个1年中，开花、坐果需要的养分最多。因此，在花期前适当施肥，既可满足树体对肥料的需求，又可减轻生理落果，同时也可缓解幼果与新梢加长生长竞争养分的矛盾。开花后，果实和新枝的生长仍需要大量的氮、磷、钾肥，尤其是磷、钾肥，因此需注意补充供肥。

核桃在年周期内吸收养分是有变化的，大致情况是氮全年均需要，但以3~7月需用量较大。钾以3~7月的吸收量大，磷则需用量平稳。

2.根据肥料的性质掌握施肥期　易于流失挥发的速效性或施后易

被土壤固定的肥料，宜在树体需肥期稍提前施入，如碳酸氢铵、过磷酸钙。迟效性肥料像有机肥需经过腐烂分解后才能被树体吸收，应提前施入。这些肥料多作为基肥，一般在采果后至落叶前施入，最迟也应在封冻前施入。速效性肥料一般做追肥和叶面喷肥，如在核桃开花前，追施硝酸铵、尿素、碳酸氢铵和腐熟人粪尿，可以明显促进保花保果。花期后追施氮、磷肥，可以有效地防止生理落果。

3. 根据土壤中营养元素和水分的变化确定施肥期 土壤中营养元素受到成土母岩、耕作制度和间作物等的影响，如间作豆科作物，春季氮被吸收，到夏季则因根瘤菌的固氮作用而增加，后期则可不施肥或少施肥。土壤干旱时施肥有害无利，多雨的秋天在北方施肥，尤其是氮肥，易发生肥料淋失，同时造成秋梢旺长，影响幼树越冬。

总之，施肥的时期要掌握准确与适宜，每年施3~4次为好。早春3月施追肥，6月补施第2次追肥，果实采摘后至落叶前施基肥。但要注意无机肥和有机肥的配合施用，以满足树体对多种元素的吸收利用。

掌握核桃的需肥特点、需肥规律和需肥量还不够，还应注意以下几点：

（1）施肥后灌水的时间。因肥料的性质不同，施肥后灌水时间的早晚对肥效影响很大。施入农家肥、碳酸氢铵、人粪尿后要及时灌水。而施入尿素后，要推迟5~7天灌水，才能充分发挥最大的肥效。

（2）农家肥要腐熟后再施。家畜肥中的养分以复杂的有机物形式存在，不能被树体吸收，必须把秸秆、家畜粪肥堆沤起来，发酵腐熟后，产生各种有效成分，同时利用高温发酵过程中可杀死有机物中存在的寄生虫、草籽和危害性腐生物。否则会伤根，产生许多副作用。建议腐熟时加入EM（微生物制剂）原露，可大大提高元素释放量。

（3）肥料的相合相克。骡马粪和过磷酸钙、磷矿粉混合后会使有效磷增加，从而提高肥效。钙镁磷肥不能和氨态氮肥如硫酸铵、氯化铵、碳酸氢铵等混合，否则会使铵分解而失效。等量的17%的碳酸氢铵和19%的钙镁磷肥混合施用后，也不能同硫酸铵等铵态氮肥混合，以免草木灰中的有效钾与氮肥中的氨态氮中和而失效。

（4）施肥要分土壤类型。沙地土壤松散，结构不良，施肥时要以有机肥为主,配合化肥施入,逐渐改良土壤。黏土地土壤黏重,通透性差,应施入有机肥,改善土壤物理性状,提高微生物的活性。另外,在施入有机肥的过程中可适当掺沙,比单施有机肥效果好。盐碱地、排水不良的涝地及酸性较重的土壤和不易灌溉的干旱地,不宜使用氯化铵,以免氯离子中毒,出现叶片焦边,根毛死亡。

(5)要掌握施肥深浅。有机肥应深施,施的部位在20~80厘米的土层内。磷在土壤中移动距离很短,极易被土壤固定,磷肥施入深度应掌握在根系分布最多的部位,同时配合农家肥,利用有机肥的溶解作用,提高有效磷的利用率。多数氮肥能在土中随土壤水分扩散,施入的深度要求不十分严格,但不能太浅,否则根系随肥上返,就会降低树体的抗旱能力。

(七)施肥方法

目前,我国核桃施肥主要是土壤施肥,尤其是施基肥,有利于根系的直接吸收,改善土壤结构、理化性质等。其施肥方法主要有以下几种:

1. 环状施肥 4年生以下的幼树常用此法。具体做法是:在树干周围,沿着树冠的外缘,挖1条深30~40厘米,宽40~50厘米的环状施肥沟,将肥料均匀施于沟内埋好。基肥可埋深些,追肥可浅些。施肥沟的位置应随树冠的扩大逐年向外扩展(图6-10、图6-11)。

图6-10 环状施肥示意图

图6-11 环状施肥

2. 条状沟施肥 适用于幼树或成龄树。具体做法是：于行间和株间，分别在树冠相对的两侧，沿树冠投影边缘挖成相对平行的 2 条沟，从树冠外缘向内挖，沟宽 40~50 厘米，长度视树冠大小而定，幼树一般为 1~3 米，郁闭的成龄树行间挖沟即可（图 6-12、图 6-13）。

图 6-12 条状沟施肥示意图

图 6-13 条状沟施肥

3. 穴状施肥 多用于施追肥。具体做法是：以树干为中心，从树冠半径的 1/2 处开始，挖成若干个小穴，穴的分布要均匀，将肥料施入穴中，埋好即可（图 6-14、图 6-15）。

图 6-14 穴状施肥示意图

图 6-15 穴状施肥

西北农林科技大学开展了核桃"穴贮肥水"试验和研究，在黄土高原干旱与半干旱地区节水 70%~90%，节肥 30% 以上，值得借鉴和学习。具体操作：在树周围打穴后覆盖地膜，以后施肥都通过这几个穴施入（图 6-16 至图 6-18）。

图 6-16　穴内填秸秆　　　　　　　图 6-17　覆地膜保湿

图 6-18　穴贮肥水核桃园

4. 放射状施肥　这是 5 年生以上幼树较常用的施肥方法。具体做法是：以树冠投影边缘为准，向树干方向从不同方位挖 4~8 条放射状的施肥沟，通常沟长为 1~2 米，沟宽 30 厘米，深度依施肥种类及数量而定，一般为 20~25 厘米，不同年份的施肥沟的位置要变动错开（图 6-19、图 6-20）。此法大树也可应用。

除以上 4 种根部（或土壤）施肥外，还有一种根外的叶面喷肥，又叫根外追肥。

根外追肥是一种经济有效的施肥方式，肥料借助水分的移动，从叶片气孔和表皮细胞间隙进入叶片内部，迅速参加养分合成、转化和运输，具有用肥量少，见效快，利用率高，可与多种农药混合喷施等优点，特别是在树体出现缺素症时，或者为了补充某些容易被土壤固

图 6-19　放射状施肥示意图　　　　图 6-20　放射状施肥

定的元素，通过根外追肥可以收到良好的效果，对缺水少肥地区尤为实用。叶面施肥的种类和浓度见表 6-7，如尿素为 0.3%~0.5%，过磷酸钙为 0.5%~1%，硫酸钾为 0.2%~0.3%，硼酸为 0.1%~0.2%，硫酸铜为 0.3%~0.5%。总的原则是，生长前期应施稀肥，后期可施浓肥。

表 6-7　叶面喷肥时期及浓度

肥料种类	喷肥时期	喷肥浓度（%）
尿素	生长期	0.3~0.5
磷酸二氢钾	生长期	0.3~0.5
硼砂	开花期	0.5~0.7
硫酸锌	发芽期	0.5~1.5
硫酸亚铁	5~6 月	0.2~0.4
硫酸钾	7~8 月	0.2~0.3

喷肥宜在上午 10 时以前和下午 3 时以后进行，阴雨或大风天气不宜喷肥。注意叶面喷肥不能代替土壤施肥，二者结合才能取得良好效果。实际应用时，尤其在混用农药时，应先做小规模试验，以避免发生药害造成损失。

（八）微肥施用

通常当土壤中缺乏某种微量元素或土壤中的某种微量元素无法被植物吸收利用时，树体常常出现相应的缺素症，应及时施微肥防治。核桃树常见的缺素症及其防治方法如下：

1. 缺锌症（小叶病）防治方法

（1）在叶片长到约 3/4 大小时，喷施浓度为 0.3%~0.5% 硫酸锌，隔 15~20 天再喷 1 次，共喷 2 次，其效果可维持几年。

（2）于深秋，依树体大小，将定量硫酸钾施于距树干 70~100 厘米处，深 15~20 厘米的沟内。

2. 缺硼症防治方法　于冬季结冻前，土壤施用硼砂 1.5~3 千克，或喷布 0.1%~0.2% 硼酸溶液。应注意，硼过量也会出现中毒现象，其树体表现与缺硼相似，要注意区分。

3. 缺锰症防治方法　用 0.5 千克硫酸锰加水 25 千克，于叶片接近停止生长时喷施。

4. 缺铜症防治方法　在春季展叶后，喷波尔多液，或距树干约 70 厘米处开 20 厘米深的沟，施入硫酸铜，或直接喷施 0.3%~0.5% 硫酸铜溶液。

三、水分控制

1. 灌水　一般年降水量为 600~800 毫米且分布比较均匀的地区，基本上可以满足核桃生长发育对水分的要求，不需要灌水。北方地区年降水量多在 500 毫米左右，且分布不均，常出现春旱和夏旱，则需要灌水补充降水的不足。具体灌水时间和次数应根据当地气候、土壤和水源条件而定。一般在以下三个时期需要灌水。

（1）萌芽前后。3~4 月，核桃开始萌动，发芽抽枝，此期物候变化快而短，几乎在 1 个月的时间里，需完成萌芽、抽枝、展叶和开花等生长发育过程,此时又正值北方地区春旱少雨时节,应结合施肥灌水,此次灌水称为萌芽水。

（2）开花后和花芽分化前。5~6 月，雌花受精后，果实迅速进入迅速生长期，其生长量约占全年生长量的 80%。到 6 月下旬，雌花芽开始分化，这段时期需要大量的养分和水分供应，尤其在硬核期（花后 6 周）前，应灌 1 次透水，以确保核桃仁饱满。

（3）采收后。10月末至11月初落叶前,可结合秋季施基肥灌1次水,不仅有利于土壤保墒,而且可促进厩肥分解,增加入冬前树体养分贮备,提高幼树越冬能力。在有灌溉条件的地方,封冻前如能再灌1次封冻水,则更好。

有条件的地区应采用肥水一体化的滴灌系统,省水、省肥、效率高,同时还方便、灵活、准确,有利于标准化、大规格种植和管理（图6-21、图6-22）。

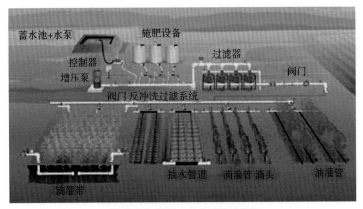

图6-21　肥水一体化系统示意图

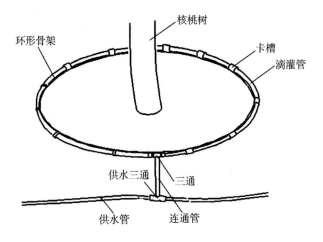

图6-22　核桃树周围滴管

第七章 核桃树整形修剪技术

　　整形修剪是核桃丰产栽培的一项重要措施，是以核桃生长发育规律、品种生物学特点为依据，与当地生态条件和其他综合农业技术协调配合的技术措施。合理的整形修剪可以形成良好的树体结构，培养丰产树形，调整好生长与结果的关系，从而达到早结果、多结果及连年丰产的目的。

一、修剪的时期

　　长期以来，核桃树的修剪多在春季萌芽后（春剪）和采收后至落叶前（秋剪）进行，目的是避免伤流造成养分与水分的大量流失，影响树体生长发育。近年来，大量的试验结果表明，核桃冬季修剪不仅对生长和结果没有不良影响，而且在新梢生长量、坐果率、树体主要营养水平等方面都优于春、秋季修剪。因此，休眠期是核桃修剪较合理的时期，是改变传统的春、秋季修剪，实现核桃丰产、稳产切实可行的生产措施。在提倡核桃休眠期修剪的同时，应尽可能延期进行，根据实际工作量，以萌芽前结束修剪工作为宜。

二、主要修剪技术及其反应

　　1.短截　剪去1年生枝条的一部分叫短截，作用是促进新梢生长，增加分枝。通过短截，改变了剪口芽的顶端优势，剪口部位新梢生长旺盛，促进分枝，提高成枝力。

　　（1）短截时可利用剪口芽的异质性调节新梢的生长势，生产上应因枝势、品种及芽的质量而综合考虑。在生长健壮的树上，对1年生枝短截，从局部看是促进了新梢生长（图7-1）。从全树总体上看却是削弱了树体，连年进行短截修剪的树，从总体上看树冠小于同等条件下生长的甩放树。

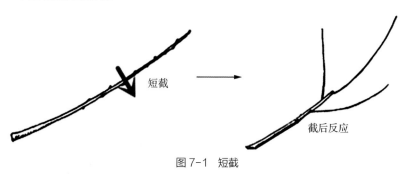

图7-1　短截

（2）短截的剪口角度及留芽位置与以后发枝角度、成枝状况有一定关系，下剪前应予以考虑，不能忽视。每短截一个枝条，在下剪时一定要认清剪口芽的方向位置。背下芽可开张角度，侧芽可改变延伸方向，背上芽可减小角度（图7-2）。剪口芽的方向一定要留在枝条生长发展的方向，否则越剪越乱。

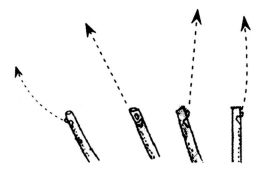

图7-2　倾斜枝和直立枝剪口芽的方向

（3）水平枝生长缓和，利于结果。如此枝生长健壮，为维持其生长势，常留下芽剪（弱枝时则易形成下垂枝）；如想改变其方向，可将剪口芽留在发展一侧，新梢即向一侧伸展。水平枝若趋于衰弱，为使其转弱为强，就要留上芽，使新梢抬头，增强生长势（图7-3）。

图7-3 水平枝剪口芽方向与发芽态

（4）短截时剪口的形状及距剪口芽的远近对剪口芽的影响很大，要十分注意。如剪口离芽太近而伤害了剪口芽，剪口芽不会发芽，则下边的芽抽出的枝条与原计划的方向相反，扰乱了树体。剪口离芽太远时，就会留下干桩。以剪口离芽1厘米为好。干死的残桩还会招致病虫害，有的即使未影响剪口枝的生长，但残桩的危害还会存在（图7-4）。

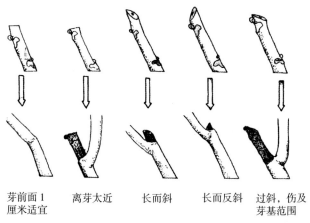

芽前面1　离芽太近　长而斜　长而反斜　过斜，伤及
厘米适宜　　　　　　　　　　　　　　芽基范围

图7-4 剪口与芽

（5）短截的反应因枝条生长势、枝龄及短截的部位不同而异。当年生强壮的枝条，短截后可在剪口下发1~3个较长枝条，而中庸枝及弱枝短截后仅萌发细小的弱枝，组织不充实，越冬常易抽条而枯死。在2年生以上枝条的年界轮痕上部留5~10厘米剪截，可促使枝条基部潜伏芽萌发新枝，轮痕以上可发3~5个新梢，轮痕以下可发1~2个新梢（图7-5）。

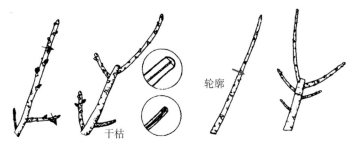

轮廓

干枯

图 7-5　不同枝条短截的反应

2. 回缩　回缩也称缩剪，是指剪掉 2 年生枝条或多年生枝条的一部分。回缩的作用因回缩的部位不同而不同：一是复壮作用，二是抑制作用。

回缩这一技术是衰弱枝组复壮和衰老植株更新修剪必用的技术。回缩时把衰弱部位剪去，刺激植株萌发强旺新梢；而且回缩时留下的枝组后半部由于营养条件及光照条件改善，生长也由弱转强（图 7-6、图 7-7）。

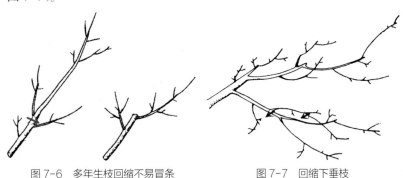

图 7-6　多年生枝回缩不易冒条　　　　图 7-7　回缩下垂枝

3. 疏枝　把枝条从基部剪除叫疏枝，也叫疏剪。由于疏剪去除了部分枝条，改善了光照，相对增加了营养分配，有利于枝条生长及组织成熟。

树体在疏剪后，对伤口以上枝条生长有削弱作用，对伤口以下枝条有促进作用（图 7-8）。这是因为伤口干裂之后，阻碍了营养向上运输的缘故。

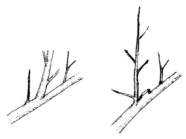

图 7-8 疏剪后伤口对上下枝条生长的影响

疏除的对象主要是干枯枝、病虫枝、交叉枝、重叠枝、过密枝及雄花枝等（图 7-9、图 7-10）。

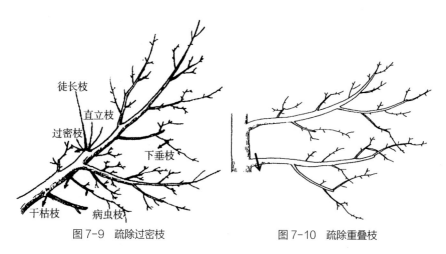

徒长枝
直立枝
过密枝
下垂枝
干枯枝　病虫枝

图 7-9 疏除过密枝　　　　　图 7-10 疏除重叠枝

4. 缓放　缓放即对枝条不进行任何剪截，也叫长放。

通过缓放使枝条生长势缓和，停止生长早，有利于营养积累和花芽分化，同时可促发短枝（图 7-11）。生长势较壮的水平枝不剪缓放后，当年可在枝条顶部萌生数条生长势中庸的枝。生长势较弱的枝条缓放后，次年延长生长后可形成花芽。

在结果枝组培养中，对生长势强旺的发育枝和生长势中庸的徒长枝，第 1 年进行缓放，任其自然生长；第 2 年根据需要在适当的分枝处进行回缩短截，就可培养成良好的结果枝组（图 7-12）。

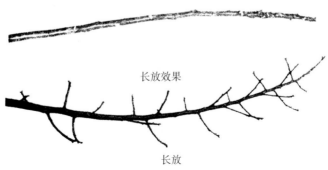

长放效果

长放

图 7-11 水平壮枝缓放效果

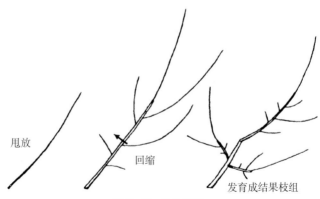

甩放

回缩

发育成结果枝组

图 7-12 先放后缩

5. **开张角度** 通过撑、拉、拽等方法加大枝条角度，缓和生长势，是幼树整形期间调节各主枝生长势的常用方法（图 7-13）。可就地取材，利用石块、树枝、荆条、塑料袋装土等方法开张角度（图 7-14 至图 7-17）。

6. **扭梢和拧梢** 扭梢是在新梢处于半木质化时，将新梢自基部扭转 180 度，即扭伤木质部和

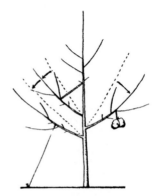

图 7-13 不同方法开张角度

图7-14 用荆条拉枝

图7-15 用草绳拉枝

图7-16 塑料袋装土坠枝

图7-17 用树枝、木棍撑枝

韧皮部，伤而不折断，呈扭曲状态（图7-18）。拧梢是在新梢半木质化时，将新梢基部拧动扭伤（图7-19）。二者均能阻碍养分的运输，缓和生长，提高萌芽率，促进中、短枝的形成和花芽分化。

7. 摘心 摘除当年生新梢顶端部分，可促进发副梢、增加分枝；对幼树主侧枝延长枝摘心，可促生分枝，加速整形进程（图7-20）；对内膛直立

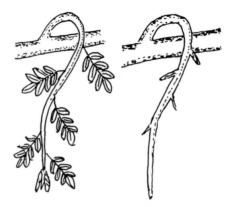

图7-18 扭梢

图 7-19 拧梢

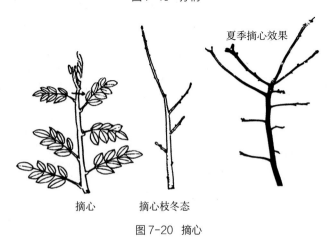

夏季摘心效果

摘心　　　　　摘心枝冬态

图 7-20 摘心

枝摘心可促生平斜枝，缓和生长势，早结果。常用于幼树整形修剪。

控制旺枝生长一般需摘心 1~3 次，第 1 次摘心在 5 月底至 6 月上旬，待新梢长到 80~100 厘米进行。只摘掉嫩尖，待摘心后的枝条又长出新的二次枝后，将新长的二次枝留 1~2 片叶片，进行第 2 次摘心；以此类推，既可抑制秋梢生长，又能促进侧芽成花。

8. 刻芽　刻芽又叫刻伤、目伤。在春季发芽前，于芽的上方用剪刀或其他刀具横切皮层深达木质部（图 7-21），其作用是提高萌芽率。

9. 环割与环剥　在枝条上每隔一段距离，用刀或剪切一周或数周并深达木质部，称环割（图 7-22）；而将枝干韧皮部进行环状剥皮，简称环剥（图 7-23）。其作用都是抑制营养生长，促进花芽分化和提高坐果率。环割或环剥处理不可滥用，否则会影响树体的生长发育。

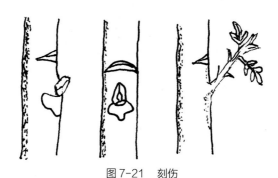

图 7-21　刻伤

图 7-22　环割　　　　　　　　　　　　　图 7-23　环剥

　　主干处理主要是针对生长过旺、不结果的树；大枝处理主要是针对辅养枝或临时枝，对骨干枝一般不进行环剥；小枝处理主要是针对旺长枝，尤其是背上直立旺枝。处理时间因目的不同而异，为促进花芽分化，一般在花芽分化前进行；若是提高坐果率则易在花期前后进行。

　　环剥的适宜宽度以枝条处理处直径的 1/10 左右为易，深度为切至木质部，剥后及时用塑料布或纸包扎以保护伤口。

　　10. 除萌　冬季修剪后，特别是疏除大枝后，常会刺激伤口下潜伏芽萌发，形成许多旺条，故在生长季前期及时除去过多萌芽，利于树体整形和节约养分，促进枝条健壮生长。在幼树整形过程中，也常有无用枝萌发，在无用枝初萌发时用手抹除为好，这样不易再萌发，如长大了用剪疏去，还会再萌发。

三、 主要丰产树形与整形过程

树形是为生产服务的，根据核桃的生物特性和管理的便利，目前我国核桃树主要的丰产树形有疏散分层形、开心形和纺锤形 3 种，其特点和整形过程差别较大，在实际应用中应灵活掌握。

（一）疏散分层形

该树形有明显的中心领导干，一般有 6~7 个主枝，分 2~3 层螺旋形着生在中心领导干上，形成半圆形或圆锥形树冠。其特点是：树冠半圆形，通风透光良好，主枝和主干结合牢固，枝条多，结果部位多，负载量大，产量高，寿命长。但盛果期后树冠易郁闭，内膛易光秃，产量便下降。该树形适于生长在条件较好的地方和干性强的品种。

1. 整形过程

（1）于定干当年或翌年，在定干高度以上选留 3 个不同方位（水平夹角约 120 度）、生长健壮的枝条，培养成第 1 层主枝，枝基角不小于 60 度，腰角 70~80 度，梢角 60~70 度，层内两主枝间的距离不小于 20 厘米，避免轮生，以防主枝长粗后对中央干形成"卡脖"现象，其余枝条全部除掉。有的树生长势差，发枝少，可分 2 年培养。

（2）当晚实核桃 5~6 年生，早实核桃 4~5 年生已出现壮枝时，开始选留第 2 层主枝，一般选留 1~2 个，同时在第 1 层主枝上的合适位置选留 2~3 个侧枝。第 1 个侧枝距主枝基部的距离为：晚实核桃 60~80 厘米；早实核桃 40~50 厘米。如果只留 2 层主枝，第 1 层和第 2 层之间的间距要加大，即晚实核桃 2 米左右；早实核桃 1.5 米左右。因为核桃树喜光性强，且树冠高大，枝叶茂密，容易造成树冠郁闭，所以要增加层间距。

（3）晚实核桃 6~7 年生，早实核桃 5~6 年生时，继续培养第 1 层主、侧枝和选留第 2 层主枝上的 1~2 个侧枝。

（4）晚实和早实核桃 7~8 年生时，选留第 3 层主枝 1~2 个。第 3 层与第 2 层主枝间距：晚实核桃 2 米左右；早实核桃 1.5 米左右，并从最上的主枝的上方落头开心。各层主枝要上下错开，插空选留以免相互重叠。各级侧枝应交错排列，可充分利用空间，避免侧枝并生拥挤。侧枝与主枝的水平夹角以 45~50 度为宜，侧枝着生位置以背斜侧为好，切忌留背后枝（图 7-24 至图 7-27）。

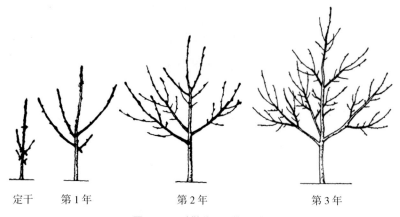

定干　　第 1 年　　　　　第 2 年　　　　　　　第 3 年

图 7-24　疏散分层形整形过程

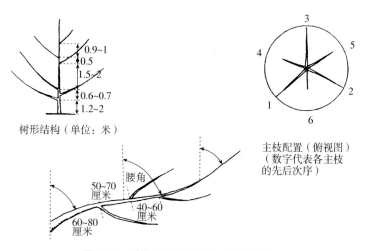

树形结构（单位：米）

主枝配置（俯视图）
（数字代表各主枝的先后次序）

图 7-25　疏散分层形主枝布局与适宜角度

图 7-26 疏散分层形树体

2. 各骨干枝生长势的调整 主、侧枝是树体的骨架，叫骨干枝，整形过程中要保证骨架坚固，协调主从关系。定植 4~5 年后，树形结构已初步固定，但树冠的骨架还未形成，每年应剪截各级枝的延长枝，促使分枝。7~8 年后主、侧枝已初步选出，整形工作大体完成。在此之前，要调节各级骨干枝的生长势，过强的应加大基角，或疏除过旺侧枝，特别是控制竞争枝。中心干较弱时可在中心干上多留辅养枝，生长势弱的骨干枝可扶起角度，通过调整，使树体各级主、侧枝长势均衡；辅养枝过旺时要进行疏除，以免影响中心干的生长（图 7-27）。

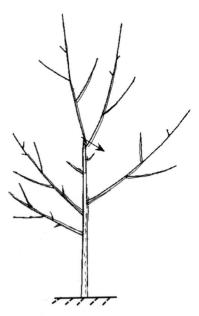

图 7-27 疏除辅养枝，保持中心干生长

（二）自然开心形

该树形无中央领导干，一般有 2~4 个主枝。其特点是成形快，结果早，各级骨干枝安排较灵活，整形容易，便于掌握。幼树树形较直立，进入结果期后逐渐开张，通风透光好，易管理。该树形适于在土层较薄、土质较差、肥水条件不良地区栽植的核桃和树姿开张的早实品种。根据主枝的多少，开心形可分为两大主枝、三大主枝和多主枝开心形，其中以三大主枝较常见。又依开张角度的大小可分为多干形、挺身形和开心形。

整形过程：

（1）晚实核桃 3~4 年生，早实核桃 3 年生时，在定干高度以上按不同方位留出 2~4 个枝条或已萌发的壮芽作主枝。各主枝基部的垂直距离一般为 20~40 厘米，主枝可 1 次或 2 次选留，各相邻主枝间的水平距离（或夹角）应一致或很相近，且生长势要一致。

（2）主枝选定后，要选留一级侧枝。每个主枝可留 3 个左右侧枝，上下、左右要错开，分布要均匀。第 1 侧枝距离主干的距离：晚实核桃 0.8~1 米；早实核桃 0.6 米左右。

（3）一级侧枝选定后，在较大的开心形树体中，可再在其上选留二级侧枝。第 1 主枝一级侧枝上的二级侧枝数 1~2 个，其上再培养结果枝组，这样可以增加结果部位，使树体丰满；第 2 主枝的一级侧枝数 2~3 个。第 2 主枝上的侧枝与第 1 主枝上的侧枝间距：晚实核桃 1~1.5 米；早实核桃 0.8 米左右。至此，开心形的树冠骨架已基本形成。该树形要特别注意调节各主枝间的平衡（图 7-28 至图 7-31）。

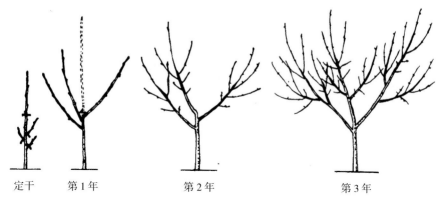

定干　　　第1年　　　　　　第2年　　　　　　　第3年

图 7-28　开心形整形过程

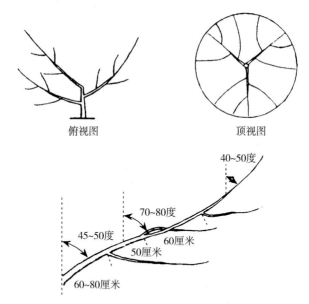

俯视图　　　　　　　顶视图

40~50度

70~80度

45~50度

60厘米

50厘米

60~80厘米

图 7-29　开心形主枝布局与适宜角度

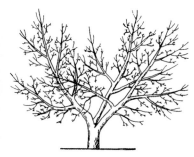

图 7-30　开心形结果幼树　　　　　图 7-31　开心形成形树

（三）纺锤形

该树形有中央领导干，一般有 8~12 个主枝，在中心干上每隔 30
厘米左右留 1 个主枝，呈螺旋式上升排列，角度 80~90 度主枝上直接
培养结果枝组或小型侧枝。下层主枝大于上层枝，树冠下大上小，像
座尖塔。树高 3~3.5 米，冠径 2.5 米左右，其特点是结构简单，修剪量
较少，易于缓和树势，有利于早结果，养分运输路线短。

整形过程：定干高度早实品种 0.8~1 米，晚实品种 1~1.2 米。剪口
下 20~40 厘米作整形带，保证整形带内发出 6~8 个枝条，选剪口附近
的枝条作中心干，其余择 3~5 个枝条按 15~20 厘米错落着生于中心干
上，角度为 72 度、90 度、120 度。7 月下旬开始拉枝开张角度，控制
枝条旺长。主枝角度一定要拉至 80~90 度，并根据树体大小来调整主
枝和中心干的角度，树体越小，夹角越大。剩下的枝条在夏秋季修剪
时疏除。第 3 年萌芽前，中心干留 60 厘米短截，剪口下第 1、2 芽萌
发的直立、长势旺的新梢作中央领导干培养。其他分枝选留 3~4 个枝
条作骨干枝培养，其他枝条疏除。重点工作是生长季 5~8 月拉枝开角，
控制主干枝腰角和梢角，防止主枝返旺。同时还要注意及时疏除剪口
的萌蘖和多余的枝条，及时开角。第 4、5 年处理同第 3 年，但注意疏
除过密枝、病虫枝，调整主干枝的枝量和枝头角度，平衡主干枝的大小，
选留好主干枝（图 7-32 至图 7-34）。

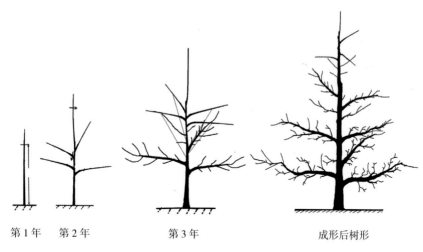

第1年　　第2年　　　　　第3年　　　　　　　　成形后树形

图7-32　纺锤形整形过程

图7-33　纺锤形树体冬态

图7-34　纺锤形结果树

四、 结果枝组的培养与修剪

结果枝组是着生在一个母枝上，以结果枝为主并配上适量的发育枝的枝群。结果枝组是树体的基本生产单位，是核桃树优质、高产、稳产的基础，其培养与修剪至关重要。

（一）结果枝组的类型

结果枝组依体积划分可分为小型（2~5 个枝条）、中型（5~15 枝条）和大型（15 个以上枝条）；依着生方位划分可分为背上枝组、侧生枝组和背后枝组。

（二）结果枝组的培养方法

结果枝组的培养必须在幼树整形过程中同时着手进行，只有尽早把结果枝组培养起来才能解决生长与结果的矛盾，实现幼树早期丰产、成龄树稳产的目标。核桃树结果枝组培养方法常见的有以下几种。

1. 先缓放，后回缩 一般是长势中等的中庸枝、斜生枝条、直立壮枝等不短截，缓放出短果枝后，留 3~5 个短果枝回缩（图 7-35）。此法在萌芽率高、短枝多的品种上使用效果最好。

2. 先轻剪，后回缩 一年生营养枝（壮枝）轻剪缓放，使下部形成短枝结果，同时挖掉上部旺枝（图 7-36）。此法

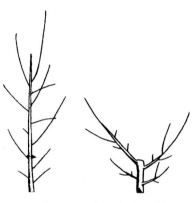

图7-35 先缓放，后回缩

115

图 7-36　先轻剪，后回缩

用在成枝力高的品种上最好。

3. **先中剪，后缓截（图 7-37）**

（1）对于中庸枝中剪后，促发 2~3 个枝条，对强旺枝条"戴帽"剪控制生长势，可增加枝条数量，培养中型结果枝组。

（2）发枝后挖心去掉强旺枝，留下中、短枝形成枝组，即"去强留弱"，加大分枝角度，翌年轻剪缓放形成中等枝组。多用在萌芽率较低的品种上。

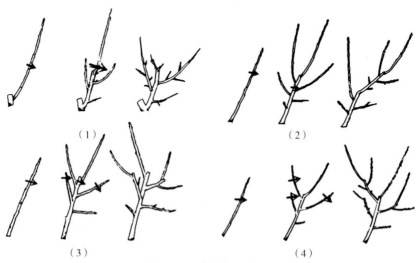

（1）　　　　　　　　　　　　　　　　（2）

（3）　　　　　　　　　　　　　　　　（4）

图 7-37　先中剪，后缓截

（3）对较直立的中壮枝，有较大空间时可以培养中型枝组。

（4）中剪后第2年去强留弱，去直留平，回缩到较平斜的弱枝处。对中弱枝中剪后，第2年发出的枝条再根据生长情况有截有放，促进成花，培养中型结果枝组。

4. 先重剪，后疏缓截 倾斜生长的发育枝或母枝较弱的发育枝，留枝条基部4个瘪芽重剪，发枝后挖心，去直留平，留下角度大的中壮枝不剪或轻剪（图7-38）。

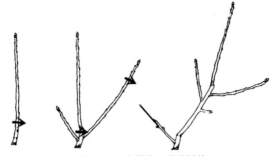

图7-38 先重剪，后疏缓截

5. 连年短截 连续多年短截能使枝条得到较多的分枝，然后再缓放，多用于培养大型结果枝组（图7-39）。对萌芽率低、成枝力弱的品种较为适宜。

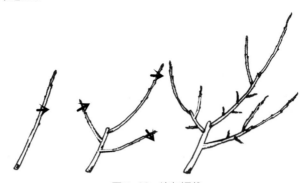

图7-39 连年短截

6. 刻伤生枝 对于一些"光腿"的多年生大枝中下部的空缺处，采用环割、环剥等方法刺激隐芽萌发，待发枝后再培养成结果枝组（图

7–40)。

图 7-40　刻伤生枝培养结果枝组

（三）结果枝组的配置

从枝组数量上看，要求树冠上部少下部多，下层主枝多，上层主枝少；骨干枝背上少、两侧多；主侧枝前部少、中后部多。枝组间距保持 0.6~1 米。从枝组定位上看，要求树冠外围以小型枝组为主，中部及内膛以中型枝组为主；骨干枝背上以小型枝组为主，骨干枝两侧及背后以中型枝组为主；主侧枝前部以小型枝组为主，中后部以中型枝组为主。

（四）结果枝组的修剪

结果枝组的修剪要根据组内类枝条的具体情况（空间、长势、发展方向等），综合运用疏、剪、缓、缩等各种方法，维持结果组的生长和结果能力，对结果枝组充分利用及及时更新。

1. 密生枝组的修剪　当枝组之间相互密挤时，如交叉、重叠枝组，要疏缩密挤部位的枝条，留有生长空间的枝条，或者用撑棍将两个枝组撑开一定距离，或者去一留一（图 7-41、图 7-42）。

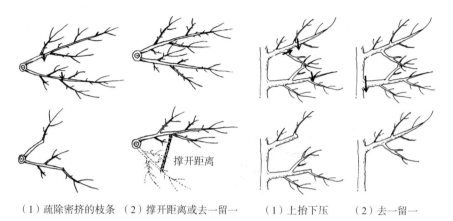

（1）疏除密挤的枝条 （2）撑开距离或去一留一　　（1）上抬下压　　（2）去一留一

图 7-41　水平并生枝组的修剪　　　图 7-42　重叠并生枝组的修剪

2. 强弱枝组的修剪　对生长势强的枝组修剪时要去直留平，缓和枝势；对生长势弱的枝组要去平留直，增强枝势（图 7-43 至图 7-45）。

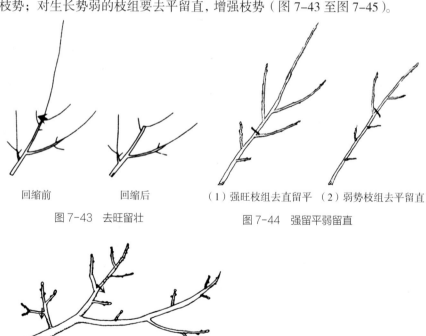

回缩前　　　　回缩后　　　　（1）强旺枝组去直留平　（2）弱势枝组去平留直

图 7-43　去旺留壮　　　　　图 7-44　强留平弱留直

图 7-45　弱枝组去弱留强

3. 多年生直立枝组的修剪　修剪时要根据情况逐年疏枝回缩，开张角度，缓和生长势（图 7-46、图 7-47）。

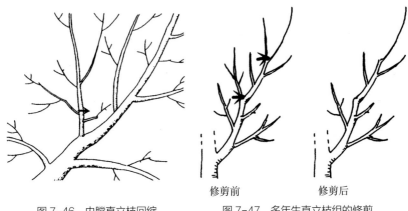

图 7-46　内膛直立枝回缩

修剪前　　　　　　修剪后

图 7-47　多年生直立枝组的修剪

4. 结果枝组的改造　在逐年生长的过程中，要根据生长空间的大小对结果枝组进行大小、长短的调整改造（图 7-48、图 7-49）。

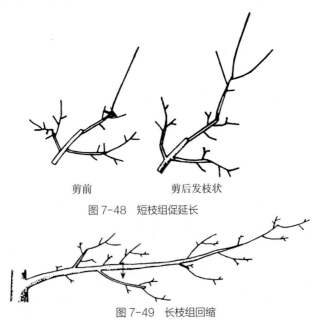

剪前　　　　　　剪后发枝状

图 7-48　短枝组促延长

图 7-49　长枝组回缩

5. **结果枝组更新复壮** 随着枝组龄的增加，长势衰弱，结果能力下降，需及时更新复壮。其修剪方法主要是回缩和短截。大枝更新时，多采用重回缩后发出新枝，然后再培养结果枝组（图 7-50、图 7-51）。

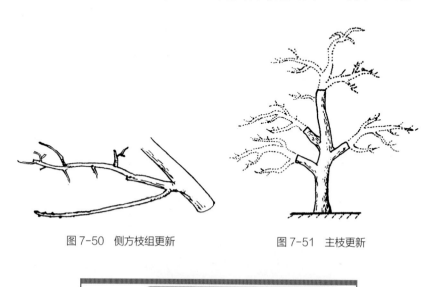

图 7-50 侧方枝组更新　　　　　图 7-51 主枝更新

五、　不同树龄的修剪特点

（一）幼树整形修剪

核桃在幼树阶段生长很快，如任其自由发展，则不易形成良好的丰产树形结构，尤其是早实核桃，因其分枝力强，结果早，易抽发二次枝，造成树形紊乱，不利于正常的生长与结果。因此，合理地进行整形和修剪，对保证幼树健壮成长，促进早果丰产和稳产具有重要的意义。

整形主要是要做好定干和培养树形工作。在生产实践中，应根据品种特点、栽培密度及管理水平等确定合适的树形，做到"因树修剪，随枝造形，有形不死，无形不乱"，切不可过分强调树形。

1. **控制二次枝** 早实核桃在幼龄阶段抽生二次枝是比较普遍的现

象。由于二次枝抽生晚，生长旺，组织不充实，在北方冬季易发生抽条现象，必须进行控制（图 7-52、图 7-53）：①若二次枝生长过旺，可在枝条未木质化之前，从基部剪除。②凡在一个结果枝上抽生 3 个以上的二次枝，可于早期选留 1~2 个健壮枝，其余全部疏除。③在夏季，对选留的二次枝，如生长过旺，要进行摘心（6 月上中旬），控制其向外伸展。④如一个结果枝只抽生 1 个二次枝，生长势较强，于春季或夏季将其短截，以促发分枝，培养成结果枝组。短截强度以中、轻度为宜。

图 7-52　疏除二次枝留延长枝

图 7-53　疏弱留壮

　　2. 利用徒长枝　早实核桃由于结果早、果枝率高、花果量大、养分消耗过多，常常造成新枝不能形成混合芽或营养芽，以至第 2 年无法抽发新枝，而其基部的潜伏芽会萌发成徒长枝。这种徒长枝第 2 年就能抽生 5~10 个结果枝，最多可达 30 多个，这些果枝由顶部向基部生长势逐渐减弱，枝条变短，最短的几乎看不到枝条，只能看到雌花。第 3 年中下部的小枝多干枯脱落，出现光秃带，结果部位向枝顶推移，易造成枝条下垂。所以，必须采取夏季摘心法或短截法（图 7-54），促使徒长枝的中下部果枝生长健壮，达到充分利用粗壮徒长枝培养健壮结果枝组的目的。

　　3. 处理好旺盛营养枝　对生长旺盛的长枝，以不修剪或轻修剪为宜。修剪越轻，总发枝量、果枝量和坐果数就越多，二次枝数量就越少。

　　4. 疏除过密枝和处理好背下枝　早实核桃枝量大，易造成树冠内

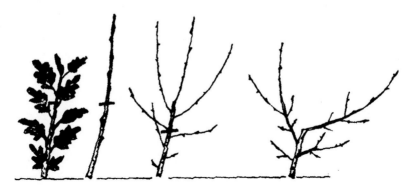

图 7-54　短截徒长枝培养结果枝组

膛枝多、密度过大，不利于通风透光。对此，应按照去弱留强的原则，及时疏除过密的枝条。其具体方法：贴枝条基部剪除，切不可留橛，以利伤口愈合。

背下枝多着生在母枝先端背下，春季萌发早，生长旺盛，竞争力强，容易使原枝头变弱而形成"倒拉"现象，甚至造成原枝头枯死。其处理方法：在萌芽后或枝条伸长初期剪除。如果原母枝变弱或分枝角度过小，可利用背上枝或斜上枝代替原枝头，将原枝头剪除或培养成结果枝组（图 7-55、图 7-56）。如果背下枝生长势中等，并已形成混合芽，则可保留其结果。如果背下枝生长健壮，结果后可在适当分枝处回缩，培养成小型结果枝。

图 7-55　回缩背下枝保持原头　　　图 7-56　回缩原头为枝组、背下枝作头

（二）成龄树修剪

此时期核桃树的主要修剪任务是，继续培养主、侧枝，充分利用辅养枝早期结果，积极培养结果枝组，尽量扩大结果部位。结果盛期则要调节生长与结果的平衡关系，不断改善冠内的通风透光条件，加强结果枝组的培养与更新。修剪时要根据具体品种、栽培方式和树体本身的生长发育情况灵活运用，做到因树修剪。

1. 结果初期树的修剪方法 疏除改造直立向上的徒长枝，疏除外围的密集枝及节间长的无效枝，保留充足的有效枝（粗、短、壮），夏季采用拿、拉、换头等措施控制强枝向缓势发展，并防止结果部位外移。充分利用一切可以利用的结果枝（包括下垂枝），达到早结果、早丰产的目的。其修剪原则是：

（1）辅养枝修剪。对已影响主、侧枝的辅养枝，可以回缩或逐渐疏除，给主、侧枝让路。但如果缺少侧枝，应尽快通过刻芽或拉枝替补的方法完善。

（2）徒长枝修剪。可采用留、疏、改相结合的方法进行修剪。早实核桃应当在结果母枝或结果枝组明显衰弱或出现枯枝时，通过回缩使其萌发徒长枝。对萌发的徒长枝可根据空间选留，再经轻度短截，从而形成结果枝组，达到及时更新结果枝组的目的。

（3）二次枝修剪。可用摘心和短截方法，促其形成结果枝组。对过密的二次枝则去弱留强。早实核桃重点是防止结果部位迅速外移，对树冠外围生长旺盛的二次枝进行短截或疏除。

另外，应注意疏除干枯枝、病虫枝、过密枝、重叠枝和细弱枝。

2. 盛果期树的修剪 修剪要点：疏病枝、透阳光，缩外围、促内膛，抬角度、节营养，养枝组、增产量。具体修剪方法：

（1）下垂枝修剪。不能一次处理下垂枝，要本着三抬一、五抬二的手法（下垂枝 3 年生的可疏去 1 年生枝，5 年生缩至 2 年生处，留向上枝）。修剪的要点是，及时回缩过弱的骨干枝，回缩部位可在有斜上生长的侧枝前部。按去弱留强的原则，疏除过密的外围枝，对有可利用的外围枝，可适当短截，以改善树冠的通风透光条件，促进保留枝芽的健壮生长。

（2）结果枝组的培养与更新。加强结果枝组的培养，扩大结果部位，防止结果部位外移，是保证核桃树盛果期丰产稳产的重要技术措施，特别是晚实核桃。

培养结果枝组在树冠内总体分布是，里大外小，下多上少，使内部不空，外部不密，通风透光良好，枝组间距离为 0.6~1 米。一般主枝内膛部位，1 米左右有一个大型枝组，60 厘米左右有一个中型枝组，40 厘米左右有一个小型枝组，同时要放、疏、截、缩相结合（图 7-57 至图 7-61），不断调节大小和强弱，保持树冠内通风透光良好，枝组生长健壮、果多。

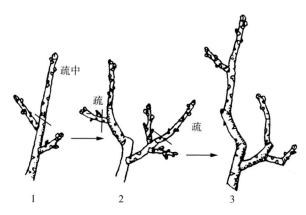

图 7-57　三杈状结果母枝修剪

图 7-58　疏去细弱枝

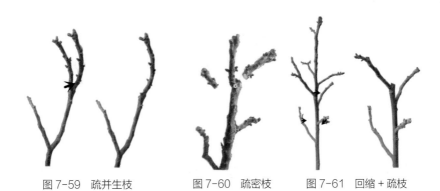

图 7-59　疏并生枝　　　图 7-60　疏密枝　　　图 7-61　回缩＋疏枝

（3）辅养枝和徒长枝的利用与修剪：①有空间时就培养成结果枝组，无空间或影响骨干枝时就应及时去除或回缩、改造、更新。②在盛果末期，树势开始衰弱，产量下降，枯死枝增多，更应注意对其选留与培养。

（三）衰老树修剪

核桃树进入衰老期，外围小枝干枯、下垂，同时萌发出大量的徒长枝，出现自然更新现象，产量也显著下降。该期的修剪任务是进行有计划的更新复壮，以恢复和保持其较强的结果能力，延长其经济寿命。

1. 疏枝　疏除病虫枝、干枯枝、密集无效枝。

2. 回缩　对多年生的衰弱枝进行回缩，促发新枝，培养结果枝组。

3. 更新复壮　对树势严重衰弱，产量极低的树要采取全面更新复壮。其具体修剪方法如下：

（1）主干更新（大更新）。将主枝全部锯掉，使其重新发枝，并形成主枝。然后从新枝中选留方向合适、生长健壮的枝条 2~4 个，培养成主枝。

（2）主枝更新（中更新）。在主枝的 50~100 厘米处进行回缩，使其形成新的侧枝。发枝后，每个主枝上选留方位适宜的 2~3 个健壮的枝条，培养成一级侧枝。

（3）侧枝更新 (小更新)。基本保持原有树体结构，在骨干枝的适当部位进行回缩，促其萌发强壮新枝复壮树势（图7-62）。

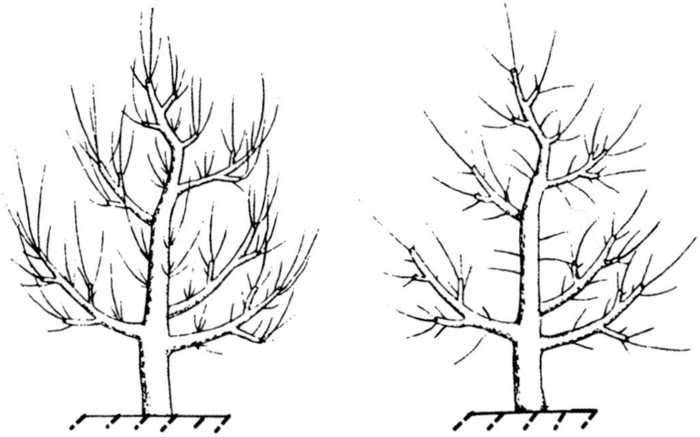

修剪前　　　　　　　　　　修剪后

图7-62　衰老树更新修剪前后

（四）放任树修剪

目前，我国放任生长的核桃树仍占相当大的比例。一部分幼旺树可通过高接换优的方法加以改造。对大部分进入盛果期的核桃大树，在加强地下管理的同时可进行修剪改造，以迅速提高核桃的品质、产量。

1.调整树形　根据树体的生长情况、树龄和大枝分布，确定适宜改造的树形（图7-63至图7-65）。然后疏除过多的大枝，利于集中养分，改善通风透光。对内膛萌发的大量徒长枝，应加以充分利用，经2~3年培养出健壮的结果枝组。对于树势较旺的壮龄树应分年疏除大枝，否则长势过旺，会影响产量。在去大枝的同时，对外围枝要适当疏间，以疏外养内，疏前促后。树形改造一般1~2年完成。

2.结果枝组的培养与调整　大枝疏除后，第2或第3年以调整外围枝和中型

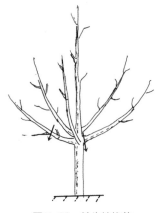

图7-63　轮生枝修剪

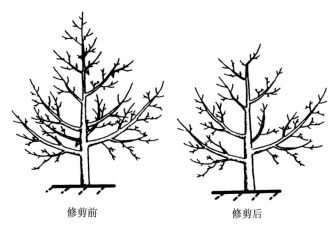

修剪前   修剪后

图 7-64   去主枝、落头

图 7-65   去主枝、开角度

枝为主，特别是内膛结果枝组的培养。对已有的结果枝组应去弱留强、去直立留背斜、疏前促后或缩前促后。

第 1 年徒长枝长到 60~80 厘米时，采取夏季带叶短截的方法，截去 1/4~1/3，或在 5~7 个芽处短截，促进分枝，有的当年便可萌发出二次枝,第2年除直立旺长枝,用较弱枝当头缓放,促其成花结果(图7-66、图7-67)。对于生长势很旺、长度在1.2~1.5米的徒长枝,因其极性强,难以控制,一般不宜选用。

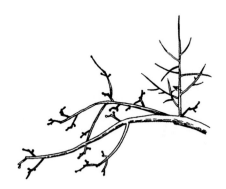

图 7-66 利用徒长枝培养结果枝

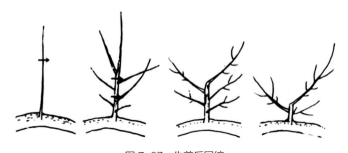

图 7-67 先剪后回缩

3. 稳势修剪阶段 树体结构调整后,还应调整母枝与营养枝的比例,约为3:1,对过多的结果母枝可根据空间和生长势进行去弱留强,充分利用空间。在枝组内调整母枝留量的同时,还应有1/3左右交替结果的枝组量,以稳定整个树体生长与结果的平衡。

上述修剪量应根据立地条件、树龄、树势、枝量多少灵活掌握,各大、中、小枝的处理也必须全盘考虑,做到因树修剪,随枝做形。另外,应与加强土肥水管理相结合;否则,难以收到良好的效果。

第八章　核桃高接换优技术

近些年随着我国对木本粮油的重视，核桃发展突飞猛进，由于苗木繁殖不规范，普遍出现有良种杂乱、不纯、假苗等现象，因此，高接换优成为核桃生产中进一步提质增效的中心任务，对现有核桃园中适龄不结果或坚果品质低的树进行嫁接改造，是快速提质增效的措施之一。

一、　适于高接改优的条件

高接改优时应视具体情况而定，必须符合一定的立地和树体条件方可进行。

（一）树体条件

1. **逐年改接**　对 10~20 年生的初结果树应逐年改接，对过密的核桃园可隔株改接，待以后再将未改接的树间伐。

2. **一次性改接**　对 10 年生以下的幼树应全部改接。

（二）立地条件

对低产树、幼龄树进行改接换优时，应选择土层深厚、生长旺盛的树进行改接；对立地条件好，但由于长期粗放管理，使土壤板结，营养不良所形成的小老树，应先进行土壤改良，通过施肥、扩穴、深翻等措施促进树势由弱转强，然后再进行改接换优。

二、　接穗采集与处理

采用芽接时，嫁接时随时采集即可。枝接接穗需要提前采集与处理。

1. **接穗采集时间**　枝接时应从核桃落叶后直到芽萌动前都可进行，

但各地气候条件不同，采集的具体时间亦各异。北方宜在秋末冬初采集。只要贮藏得当，对成活率影响很小。贮藏的关键是做好保温、保湿，以防止枝条失水或受冻（图8-1）。

图8-1　枝接接穗

1. 采穗方法　采接穗宜用手剪或高枝剪，忌用镰刀砍。剪口要平，不要呈斜茬。采后，将穗条根据长短和粗细进行分级，每捆30~50根，剪去顶部过长、弯曲或髓心超过粗度一半的不成熟的顶梢，有条件的最好用蜡封剪口，以防失水。最后用标签标明品种。

2. 接穗贮藏运输

（1）接穗运输：枝接接穗最好在气温较低的晚秋和早春运输，高温天气易造成霉烂或失水。严冬运输接穗应注意防冻。运输接穗前，先用塑料薄膜将接穗包好密封。远途运输时袋内要放些湿锯末或苔藓。铁路运输时，要用木箱、纸箱或麻袋运输，也要采取保湿措施。

（2）越冬贮藏：在阴暗处挖宽1.2米、深80厘米的沟，长度按接穗多少而定。将接穗捆放入沟内，每层中间加10厘米左右的湿沙或湿土，上边盖放湿沙或湿土约20厘米厚，土壤结冻后再加厚40厘米（图8-2）。贮藏接穗的最适温度为0~5℃，最高不能超过8℃。冬季温度太低时，上边应加盖草帘或秫秸；春季温度升高时，应将接穗转移到背阴处或地窖、冷库中，否则会因芽受冻或萌动而影响嫁接成活率。

3. 接穗处理　主要是指剪截和蜡封。一般需在嫁接前进行。接穗剪截长度：枝接接穗长度为12~16厘米，有2~3个饱满芽。应保证第一个芽的质量，要求第一个芽距剪口1厘米左右（图8-3）。在剪截接穗时，应注意剔除有病虫害、瘪芽、受伤芽和木质疏松、髓心大的枝段（图8-4）（髓心不能超过一半）。同时还应使每根接穗的现存芽在满足顶芽为好芽的情况下，以充分利用好芽为原则，进行剪截。蜡封

图8-2 越冬贮藏接穗

时间一般在嫁接前15天以内进行，效果最佳。

4.蜡封方法 将石蜡放入容器内，先在容器（最好是深筒状容器）底部加入适量水，然后用电或煤火等加热。或把装有石蜡的容器放在盛水的锅中烧（也叫隔水蒸），使蜡液保持在90~100℃温度内，将剪成段的接穗一头在蜡液中速蘸一下，甩掉表面多余的蜡液，再蘸另一头，使整个接穗表面包被一层薄而透明的蜡膜（图8-5）。为了控制温度，

图8-3 剪截好的接穗

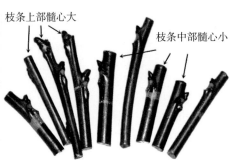

枝条上部髓心大

枝条中部髓心小

图8-4 筛选接穗

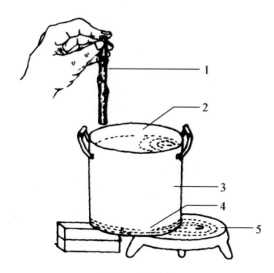

图8-5　接穗蜡封
1.接穗　2.石蜡　3.容器　4.水　5.热源

可在容器内放置一个棒状温度计，以观察温度的变化，如超过100℃时，应及时撤去火源。如果接穗上蜡层发白掉块，说明蜡液温度太低，待温度升高后再进行。蘸蜡时要快，否则接穗表面附蜡太厚，易脱落，起不到保水的效果。

嫁接时，若接穗用塑料薄膜缠绕保湿的就不用进行蜡封接穗。

三、　砧木处理

1.短截　芽接的核桃树，将多余的主枝去掉，对保留的主枝进行短截处理，处理方法如下：3年生以下的树，按多主枝丛状形，春季萌芽前，在主干距地面1~1.2米处截干，3年生以上的树，按开心形或主干疏层形，在春季萌芽前将主枝保留8~10厘米后全部锯断。

2.放水　对春季枝接穗树需在接穗前一周放水，在干基或主枝基部5~10厘米处锯2~3个深达木质部1~1.5厘米的锯口，呈螺旋状交错斜锯放水。或在嫁接前 7 天先从预嫁接部位以上 20 厘米处锯断，砧木放水后再行嫁接。也可利用断根放水，切断 1~2 厘米粗的细根 1~2 条，使伤流提前从根部溢出。伤流液的有无、多少，受立地条件、气温和树体本身特性所控制，有时在嫁接时并无伤流，但隔一夜后，或在寒流来临或下雨之后，伤流就会马上表现出来，因此嫁接前放水对控制伤流十分重要。

四、 嫁接时期

春季枝接以萌芽至展叶前最好，北方多在 3 月下旬到 4 月下旬；南方则在 2~3 月。如果枝接太早，则伤流重，砧、穗不能紧贴，加之接穗、砧木不离皮，难于插合；枝接太迟，树体养分消耗多，组织分生能力下降，当年枝条生长量减小。由于各地气候相差很大，以核桃物候期的变化为准。芽接时期与苗木嫁接相同，北方为 5 月中旬至 6 月下旬。

五、 嫁接方法

（一）春季枝接

春季枝接主要有插皮舌接和插皮接。

1. 插皮舌接 选适当位置锯断(或剪去)砧木树干，削平锯口，然后选砧木光滑处由上至下削去老皮，长 5~7 厘米，宽 1~1.5 厘米，露出皮层或嫩皮。如果砧木树皮太厚造成接穗皮与砧木结合不紧密的现象，可将横切面与皮层交叉的垂直角削去，削时使刀与横切面成 45 度角。接穗削成的长 6~8 厘米的大削面呈马耳形(即刀口一开始就要向下切凹，并超过髓心，然后斜削，保证整个斜面较薄)。把接穗削面前端用手捏开，使之与木质部分离，将接穗的木质部插入砧木的木质部和韧皮部皮层之间，使接穗的皮层紧贴在砧木的嫩皮上，插至微露削面即可（图8-6、图8-7）。

图8-6　插皮舌接示意图

1.接穗侧面　2.削面　3.砧木正面　4.插入接穗
5.插入接穗后的侧面　6.包扎

图8-7　插皮舌接实图
1.削接穗　2.削砧木　3.插接穗　4.包扎

2.插皮接　插皮接又叫皮下接。一般砧木直径在1.5厘米以上都可以采用这种方法。当接穗芽间距很小或砧木皮严重老化不适用于插皮舌接的枝，而适宜用插皮接。首先剪断或锯断砧干，削平锯口，在砧木光滑无疤的地方，由上向下垂直划一刀，深达木质部，长约1.5厘米，顺刀口用刀尖向左右挑开皮层，如接穗太粗，不易插入，也可在砧木上切一个3厘米左右上宽下窄的三角形切口。接穗的削法为先将一侧削成一个大削面呈马耳形，斜面切削时先用刀斜深入到木质部的1/2处，而后向前切削至先端。接穗一般长6~8厘米，接穗粗时可削长些，细时可削短些。接穗插入部分的厚薄可根据砧木的粗细灵活掌握，粗砧木皮厚可留厚一些，细砧木接穗要削薄一些，以能正好插入切口为准。其另一侧的削法有 3 种：第一种是在两侧轻轻削去皮层（从大削面背面往下 0.5~1 厘米处开始），在插接穗时要在砧木上纵切，深达木质部，将接穗顺刀口插入，接穗内侧露白 0.7 厘米左右，这样可以使接穗露白处的愈伤组织和砧木横断面的愈伤组织相连，保证愈合良好，避免嫁接处出现疙瘩，而影响嫁接树的寿命；第二种是从大削面背面 0.5~1 厘米处往下的皮全部切除，露出木质部，插接穗时不需纵切砧木，直接将接穗的木质部插入砧木的皮层与木质部之间，使二者的皮部相接；第三种是背面削尖后插入即可（图 8-8、图 8-9）。

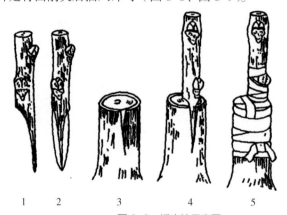

图 8-8 插皮接示意图

1.接穗侧面 2.接穗背面 3.竖切砧木划开皮层 4.插入接穗 5.包扎

图 8-9 插皮接实图

　　枝接时应注意以下三点：第一，嫁接部位直径粗度以 5~7 厘米为宜，最粗不超过 10 厘米，过粗不利于砧木接口断面的愈合，因此高接时应选择好适宜的粗度位置。第二，砧木接口直径在 3~4 厘米时可单头（图 8-10）单穗，直径在 5~8 厘米时可一头插入 2~3 枝接穗。10 年生以上的树应根据砧木的原从属关系进行高接，高接头数不能少于 3~5 个（图 8-11）。第三，插接穗时要选择好方位（图 8-12），以免造成拉劈。

图 8-10　单头高接实图

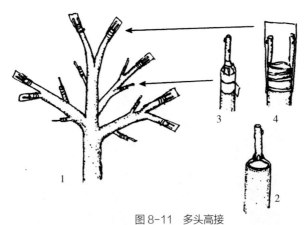

图 8-11　多头高接

1. 每个骨干枝嫁接　2. 插接穗　3. 包扎　4. 枝粗插 2 个接穗

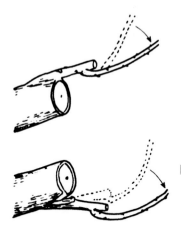

图8-12 接穗插入方位的稳固性

（二）芽接法

主枝短截后，留1~2个萌生的枝条，5~6月进行芽接；或枝接未成活的，再采用芽接进行补接。芽接法一般主要采用大方块芽接（图8-13）和初春"T"形带木质部嫁接法，具体参照育苗中的芽接部分。

图8-13 方块芽接法

六、 接后管理

采用方块芽法嫁接时，接后管理同育苗技术中接后管理。枝接法则需要如下管理。

1. 枝接的保湿措施 接后保湿措施是影响成活率的关键环节，保湿方法多种多样，主要有装土保湿法、塑膜扎封报纸遮阴法、蜡封接穗塑膜包扎法、塑膜扎封法和接后涂保湿剂法等，以装土保湿法和塑膜扎封报纸遮阴法效果最好，但用工量较大。

（1）装土保湿法。接穗砧木插合后，先用麻皮或塑料绳将接口部位由下至上成圈绑扎牢固，然后用内衬报纸的塑料筒套在上边，上端高出接穗4~5厘米，下端在砧木切口下部绑牢固，然后往筒内装入细湿土或锯末(手捏成团，丢之即散)，轻轻捣实，埋土深度要高出接穗顶部1厘米，最后将上口扎严。芽萌后需要放风。

（2）塑膜扎封报纸遮阴法。接穗砧木插合后，用塑料绳将砧穗绑紧绑牢，随即用宽3~5厘米的地膜，全部扎封包严砧穗，薄膜扎封接穗经过接芽时单层膜通过。然后用报纸包裹（图8-14），外套塑料袋后下部扎，接穗芽萌发后，在塑料袋背阴面人工破口放风。

图8-14 塑膜扎封报纸遮阴法

（3）蜡封接穗塑膜包扎法。采用蜡封接穗，接穗砧木插合后，用塑料绳将砧穗绑紧绑牢，再用塑料薄膜由下至上包严砧木的横切面及接穗露白处。芽萌动后不用放风。

（4）塑膜扎封法。接穗砧木插合后，用塑料绳将砧穗绑紧绑牢，全部扎封包严砧穗，薄膜扎封接穗经过接芽时单层膜通过。芽萌动后可自动破出，不用放风。

2. **除萌** 接后应及时除萌；若接穗死亡，每个接头可保留 2~3 个健壮的位置适宜的萌芽，以便夏季用芽接法补接。

3. **放风** 装土保湿的要注意放风，当新梢长出土后，可将袋顶部开一小口，由小到大分 3 次打开，最好趁阴雨天或傍晚打开，以免产生日灼。

4. **绑支柱** 待新枝长到 20~30 厘米时，及时在接口处设立支柱，并随着新梢的伸长应绑缚 2~3 次，以防风折。装土保湿的还要将土全部去掉，以利其生长（图 8-15）。

5. **对新梢摘心** 当嫁接新梢长至 30~50 厘米时进行摘心，促进枝条充实（图 8-16），以利安全越冬。

图 8-15 绑支柱　　　　　　　图 8-16 接后发枝情况

6. **整形修剪** 高接后接头多，成活发枝多的，暂时保留辅养枝，第二年疏剪过密枝，留下的枝可结果和培养新骨干枝（图 8-17）。整形过程中要多留枝，以轻剪为主，且少短截，尽快恢复树冠和产量（图 8-18）。

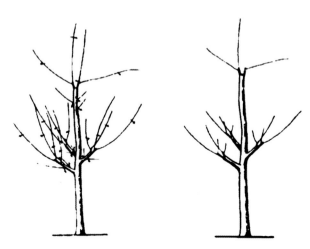

图 8-17　高接树的修剪

图 8-18　高接后树冠恢复情况

第九章　核桃花果管理技术

做好核桃的花果管理工作，才有利于保持树体的营养生长与生殖生长的平衡，克服大小年结果现象，保证高产、稳产。

一、人工辅助授粉

核桃属异花授粉果树，风媒传粉。自然授粉受自然条件的限制，每年坐果情况差别很大。为了保证丰产、稳产，必须进行人工辅助授粉，提高坐果率。在正常气候条件下，人工辅助授粉可提高坐果率15%~30%。据试验，在雌花盛期进行人工授粉，可提高坐果率17.3%~19.1%，进行两次人工授粉，其坐果率可提高26%。具体方法如下。

（一）采集花粉

从生长健壮的成年树上采集基部将要散粉即花序由绿变黄（图9-1至图9-3），或刚刚散粉的粗壮雄花序上的小花，放在干燥的室内或无阳光直射的地方晾干，温度保持在20~25℃条件下，经1~2天后待大

图9-1 花序绿色，未到采集时期

图9-2 花序变黄，可采集

图9-3 花序变褐，已散粉　　　　图9-4 花序散粉

部分雄花散粉（图9-4）时，筛出花粉。将花粉收集（图9-5），存放在指形管或小青霉素瓶中，盖严，置于2~5℃的低温条件下备用。花粉生活力在常温下，可保持5天左右；在3℃的冰箱中，可保持20天以上。瓶装花粉应适当透气，以防发霉而降低授粉效果。

图9-5 花粉收集

　　需要的花粉量，可参考河北农业大学的试验，465千克雄花序，阴干后可出花粉5.3千克，折合每千克雄花序可出粉2.87克。按抖授花粉的方法计算，平均每株授粉2.8克。喷授花粉每株需要3克。

（二）授粉适期

　　当雌花柱头开裂并呈倒"八"字形（图9-6），柱头羽状突起有光泽，分泌大量黏液（图9-7），利于花粉附着、萌发和授粉受精。此时，正值雌花盛期，一般只有2~3天；雄先型植株的受粉期只有1~2天。因此，要抓紧时间授粉，以免错过最适授粉期（图9-8）。有时因天气状况不良，同一株上雌花期早晚可相差7~15天。为提高坐果率，有条件的地方可进行两次授粉。试验证明，在雌花开花不整齐时，两次授粉比一次授粉提高坐果率 8.8% 左右。授粉时宜在上午 9~10 时或下午 3~4 时进行。

图 9-6 柱头未反转

图 9-7 最佳授粉时期

图 9-8 柱头已干缩变色

（三）授粉方法

1. 喷粉 适用于树体矮小的早实核桃幼树。将花粉与淀粉（或滑石粉）按 1 ∶ （5~10）的比例混合拌匀，装入喷粉器的玻璃瓶中，喷头离柱头 30 厘米以上，喷布即可。此方法授粉速度快，但花粉用量较大。

2. 抖授 对成龄树或高大的晚实核桃树，可将配置好的花粉装入由双层纱布做成的花粉袋中，封紧袋口，挂于竹竿顶端，然后在树冠上方轻轻抖撒（图9-9）。此方法授粉不均匀，花粉浪费较大。

3.喷授 将花粉配成水悬液进行喷授，花粉与水的比例为1∶5 000，有条件时可配成花粉∶蔗糖∶水为1∶50∶3 000或花粉∶硼酸∶水为1∶0.2∶3 000的营养液喷授，可促进花粉发芽和受精。

图9-9 抖授

4.挂雄花序或雄花枝 将采集的雄花序10个扎成一束，挂在树的树冠上部，可依靠风力自然授粉。为延长花粉的生命力，也可将含苞待放的雄花枝插在装水溶液的塑料袋、瓶等容器内，挂在树上。此方法简单易行，效果好，能显著提高坐果率。

5.人工点授 用毛笔蘸少许花粉（可加入10倍的淀粉或滑石粉稀释），在雌花适宜的受粉时期点授，或置于花的前方吹口气。一般蘸一次花粉可授3~5朵雌花，先点的轻些，后点的重些。注意不要直接往柱头上抹，以免授粉过量或损坏柱头，导致落果。此方法费工费时，坐果率高。

二、 核桃疏花疏果

疏花疏果是提高核桃树产量和品质的主要技术措施。它可以节省大量的养分和水分，不仅有利于当年树体的发育，提高当年的坚果产量和品质，而且也有利于新梢的生长，保证翌年的产量。其具体做法如下。

1. 疏除雄花（疏雄） 疏除雄花花芽可节省水分和养分用于雌花的发育，从而改善雌花发育过程中的营养条件，提高坐果率，增加产量。

疏除雄花花芽时期，原则上以早疏为宜，一般以雄花花芽未萌动前的 20 天内进行为好，即花芽膨大时最佳。疏雄量以全树雄花花芽的 90%~95% 为宜，此时雌花与雄花之比仍可达 1 ∶（30~60）。虽然花粉发芽率只有 5%~8%，但留下的雄花序仍能满足需要。对栽植分散和雄花花芽较少的植株，可适当少疏或不疏。对于品种园来讲，作授粉品种的雄花适当少疏，主栽品种可多疏。具体疏雄方法：用长 1~1.5 米带钩木杆，拉下枝条，人工掰除即可，也可结合修剪进行。疏雄对核桃树增产效果十分明显，坐果率可提高 15%~20%，产量可增加12.8%~37.5%。

2. 疏除幼果（疏果） 早实核桃树是以侧花芽结实为主，雌花量较大，到盛果期后，为保证树体营养生长和生殖生长的相对平衡，保持优质高产、稳产，必须疏除过多的幼果。否则会因结果太多造成核桃果个变小，品质变差，严重时导致树势衰弱、枝条大量干枯甚至死亡。疏果时间可在生理落果以后，一般在雌花受精后 20~30 天，即当子房发育到 1~1.5 厘米时进行为宜。疏果量应依树势状况和栽培条件而定，一般以由每平米树冠投影面积保留 60~100 个果实为宜（表 9-1）。

表 9-1　树冠大小及留果量

冠幅（米）	投影面积（平方米）	留果数（个）	产量（千克）
2	3.14	180~240	1~2
3	7.06	430~600	4~5
4	12.56	800~1 000	8~10
5	19.6	1 200~1 600	12~16
6	28.2	1 700~2 200	17~20

疏果方法：先疏除弱树或细弱枝上的幼果，也可连同弱枝一同剪掉；每个花序有 3 个以上幼果时，视结果枝的强弱，可保留 2~3 个；坐果部位在冠内要分布均匀，郁闭内膛可多疏。应特别注意，疏果仅限于坐果率高的早实核桃品种。

三、　核桃落花落果的原因与对策

　　现有核桃大树产量低而不稳的主要原因是落花落果严重，据王根宪等研究，核桃落花落果率一般在 40%~90%。落花落果有 3 次高峰，陕西商洛地区，第 1 次在 4 月底至 5 月中旬，占落花落果总量的 50%~70%，主要是因授粉受精不良而致；第 2 次为花后 4~6 周，即 5 月下旬至 6 月上旬，占落花落果总量的 30%~40%，由生理失调而引起；第 3 次为 6 月中旬至 7 月中旬，占 10%~20%，主要是机械损伤落果。其落花落果的主要原因及对策如下：

　　1. 授粉受精不良　北方地区春季气温变化剧烈，一旦寒流侵入，温度急剧下降至 0℃ 以下，有时还伴有大风或阴雨，花器受冻失去授粉受精能力。即使花器不受害，在不良的气候条件下缺少传粉媒介，也会因授粉受精不良而落花落果。核桃属于雌、雄同株异花，同一株树上雌花和雄花开放时期绝大部分不会相遇。据河北农业大学试验，主栽品种与授粉树的距离应在 300 米以内，超过 300 米时授粉受精不良或不能授粉。目前有些核桃品种园，未配置授粉树；幼龄核桃树仅开雌花，若不进行人工辅助授粉，也会大量落花落果。

　　2. 树体营养不良　部分核桃栽植在土壤瘠薄的山地，栽后管理十分粗放，肥水不足，修剪不当，病虫危害较重，树体营养积累不足致使大量生理落果。

　　3. 灾害性天气　如大风、暴雨、晚霜、冰雹等，也会造成大量落果。

　　4. 防止落花落果的对策　根据以上具体情况采取不同的措施。另外，花期喷硼酸、稀土和赤霉素可显著提高核桃树的坐果率。据山西林业科学研究所 1991~1992 年进行多因子综合试验，认为盛花期喷赤霉素、硼酸、稀土的最佳浓度分别为 54 克 / 千克、125 克 / 千克、475 克 / 千克。3 种因素对坐果率的影响程度大小次序是赤霉素 > 稀土 > 硼酸。3 种因素同时选用最佳用量时坐果率为 61.93%，而对照是 39.74%，增产 55%。另外，花期喷 0.5% 尿素、0.3% 磷酸二氢钾 2~3 次能改善树体养分状况，促进坐果。

第十章 核桃病虫害防治技术

核桃病虫害在生产上危害极大，影响产量和品质。由于种植密度大、树势弱、病虫基数大，加之高温高湿等原因极易造成病虫害的大发生，为全面彻底地控制病虫，应贯彻"预防为主，综合防治"的植保方针，要以改善果园生态环境，加强栽培管理为基础，提高树体抗病虫能力，优先选用农业和生态调控措施，注意保护利用天敌，充分发挥天敌的自然控制作用。多采用农业技术措施和人工、物理方法防治，相互配合，取长补短。首先选用高效生物制剂进行防治，若必须使用化学农药时，应使用低毒化学农药，并注意轮换用药，改进施药技术，最大限度地降低农药用量，有限度地使用中毒农药，严禁使用高毒、高残留农药和致癌、致畸、致突变农药，以减少污染和残留，保证果品质量符合国家标准。

一、防治方法

核桃树病虫害防治方法有多种，实际应用时应遵循以预防为主，少用药，巧用药，不同防治方法结合运用及减少环境污染等原则。

（一）生物防治法

生物防治法是利用对树体无害的生物及其产品防治害虫的方法。通俗地讲就是以虫治虫，以菌治虫，以鸟治虫。在生产中利用较多的有寄生蜂、寄生蝇等。释放人工饲养天敌及使用菌剂防治害虫，如利用细菌农药 Bt 可湿性粉剂防治鳞翅目害虫的幼虫效果很好。

（二）农业防治法

农业防治法是利用园地选择与规划设计及栽培管理等农业措施，兼顾防治病虫害的方法。其中包括创造良好的生态条件，使树体生长健壮，增加机体的抗病虫能力，消灭病虫害源，如烧毁病虫枝及易滋生病虫的杂草等。

（三）物理防治法

利用简单工具和各种物理因素，如光、热、电和放射能、声波等防治病虫害的措施称为物理防治。物理防治应根据害虫的危害习性和发生数量确定合适的方法。如在防治草履蚧时，可在早春若虫未上树以前于树干上涂粘虫胶或毒药环，阻止若虫上树。利用昆虫趋光性，在园内安装黑光灯，以光诱杀害虫的成虫，对鳞翅目、鞘翅目、双翅目、半翅目、直翅目害虫的成虫都有良好的诱杀效果。该法无污染、省工，又有显著的防治效果。

（四）化学防治法

利用药剂直接防治病虫害的方法称为化学防治法。此法多在病虫危害严重时使用，是目前果园病虫害防治的最主要方法。化学防治应注重农药品种的选择，必须严格执行《农药合理使用准则》。

1. 化学防治的优、缺点　化学防治见效快、用途广，一般害虫遇药后，短的几秒，长的几小时或一两天就死亡；一种农药常能毒杀多种害虫或治疗多种病害。但在杀伤害虫时也同时杀伤了天敌，长期作用害虫可产生抗药性，易污染环境、留有残毒、发生药害，且成本较高。

2. 化学防治技术　化学防治时要求做到安全合理用药，把化学农药用量压低到最低限度，保证产品中的农药残留不超过国家或国际上规定的农药残留标准，以保证消费者食用安全。

（1）加强病虫害测报工作，适期防治。

（2）选用高效、低毒、低残留、无公害的生物农药，禁用剧毒、高残留农药。

（3）交替轮换，复配用药，减小病菌与害虫的抗药性。

（4）科学施药。正确掌握农药剂量（开始按说明书上药量的下限用药，随着使用年限增加到药量的上限）；了解病虫害发生规律，做到有目标防治；执行安全间隔期，一般农药的安全间隔期为 7~15 天，最后一次施药距采收期间隔应在 20 天以上。

二、病虫害综合防治

病虫害防治应以防为主，做好果园管理的基础工作，可有效地提高树体的抗性，减少病、虫基数，降低防治成本，提高果品质量。

（1）选用抗病品种。

（2）加强土肥水管理，提高树体的抗性。

（3）合理密植，科学修剪，保证树体的通风透光。

（4）深翻果园。秋末结合施基肥，进行深翻果园，既可以破坏害虫的越冬场所以减少害虫越冬基数，又可疏松土壤利于根系生长。

（5）涂白。涂白的部位为主干和较粗的主枝（图 10-1），时间为落叶后至发芽前，次数为 1~2 次。涂白剂的配方：一般由生石灰、铜制剂、黏着剂和保湿剂组成，如石灰硫酸铜涂白剂为：生石灰 200 千克、硫酸铜 10 千克、水 600~800 千克。石灰硫黄涂白剂为：生石灰 100 千克、硫黄 10 千克、食盐 2 千克、动（植）物油 2 千克、热水 400 千克。石

图 10-1 核桃园涂白

灰石硫合剂涂白剂为：生石灰 3 千克、石硫合剂原液 0.5 千克、食盐 0.5 千克、油脂适量、水 10 千克。

（6）彻底清园。落叶后，要彻底清理核桃园中的枯枝落叶、病僵果和杂草，集中烧毁或堆集起来沤制肥料，可大大降低病菌和害虫越冬基数，减轻病虫害的发生。

（7）喷施石硫合剂。萌芽前，全树喷施 3~5 波美度的石硫合剂，可预防病害，杀灭蚜虫、红蜘蛛等害虫虫卵。

（8）喷施波尔多液。在病害严重的园内，发病前或在雨季来临前，喷施 1~3 次 1∶0.5∶200 的波尔多液。

三、主要病虫害及其综合防治

（一）主要病害

1. 核桃炭疽病 该病害在核桃适生区均有发生，是危害核桃果实、叶片及苗木的一种真菌性病害。一般果实受害率达 20%~40%，严重年份可达 95% 以上，引起果实早落，核仁干瘪，大大降低产量和品质。

（1）病害症状。该病主要危害果实，果实受害后，果皮上出现褐色至黑褐色圆形或近圆形病斑，中央下陷且有小黑点，有时呈同心轮纹状。空气湿度大时，病斑上有粉红色突起。病斑多时可连成片，使果实变黑腐烂或早落。叶片病斑呈不规则状，多为条状。病叶色枯黄，重病叶全变黄（图 10-2、图 10-3）。

（2）发病规律。病菌以菌丝体和分生孢子在病果、病叶、芽鳞中越冬。第 2 年产生分生孢子，借风雨、昆虫等传播，从伤口、自然孔口等处侵入，发病后产生分生孢子又可再侵染，发病期在 6~8 月。雨水多、湿度大、树势弱、枝叶稠密及管理粗放时发病早且重。通风差的果园发病重。品种间存在差异，晚实型较早实型品种发病轻。举肢

图 10-2　病叶症状

图 10-3　病果症状

蛾严重发生的地区发病重。

（3）防治方法。

1）采用综合防治措施。

2）发病期喷药。发病期喷 50% 多菌灵可湿性粉剂 1 000 倍液，或 2% 农抗 120 水剂 200 倍液，或 75% 百菌清 600 倍液，或 50% 托布津 800~1 000 倍液，每隔半月 1 次，共喷 2~3 次；据山东农业大学杨克强试验，轮换施用咪鲜胺、戊唑醇、三唑酮、异菌脲和代森锰锌等杀菌剂，防治效果较好。

2. 核桃黑斑病　该病属一种细菌性病害，在世界范围内均有发生。主要危害果实、叶片、嫩梢、芽、雄花序及枝条。一般植株受害率达 70%~90%，果实受害率 10%~40%，严重时达 95% 以上，造成果实变黑早落，出仁率和含油量均降低。

（1）病害症状。此病主要危害幼果和叶片，也可危害嫩枝及芽和雄花序。幼果受害时，开始果面上出现小而微隆起的黑褐色小斑点，后扩大成圆形或不规则形黑斑并下陷，无明显边缘，周围呈水渍状，果实由外向内腐烂。叶感病后，最先沿叶脉出现小黑斑，后扩大呈近圆形或多角形黑斑，严重时病斑连片，以致形成穿孔，提早落叶。叶柄、嫩枝上病斑长条形，褐色，稍凹陷，严重时因病斑扩展而包围枝条近一圈时，病斑以上枝条即枯死。花序受害后，花轴变黑，扭曲，枯萎早落（图 10-4、图 10-5）。

图 10-4　病叶症状

图 10-5　病果症状

（2）发病规律。病原细菌在病枝、芽苞或病果等老病斑上越冬，翌年春季借风雨传播到叶、果及嫩枝上危害，带菌花粉、昆虫等也能传播病菌。病菌由气孔、皮孔、蜜腺及各种伤口侵入。当寄主表皮潮湿、温度在 4~30℃时，能侵害叶片；在 5~27℃时，能侵害果实。潜育期为 5~34 天，一般为 10~15 天。核桃树在开花期及展叶期最易感病；夏季多雨则病害严重。核桃举肢蛾、核桃长足象、核桃横沟象等在果实、叶片及嫩枝上取食或产卵造成的伤口，以及灼伤、雹伤都是该菌侵入的途径。所以，以上虫害发生重的果园发病重。一般在 4~8 月为发病期，可反复侵染多次。

（3）防治方法。

1）采用综合防治措施。

2）药剂防治。在虫害发生严重的地区，特别是核桃举肢蛾严重发生的地区，要及时防治害虫，减少伤口和传播病菌的媒介，达到防病的目的。发芽前喷 1 次 3~5 波美度石硫合剂，消灭越冬病菌，生长期喷 1~3 次 1：0.5：200 的波尔多液，或 50% 甲基托布津 500~800 倍液（雌花前、花后及幼果期各 1 次），喷 70% 消菌灵或菌毒清 1 000 倍液；喷 0.4% 草酸铜效果亦好；也可用 50 克 / 千克农用链霉素（或农用青霉素）加 2% 硫酸铜，每半月喷 1 次，防治效果良好。

3. 核桃腐烂病 该病又称"黑水病"，属真菌性病害。在部分病害严重地区受害株率可达 50%，高的达 80% 以上，主要危害枝干和树皮，导致枝枯、结实能力下降，甚至全株枯死。

核桃树腐烂病在同一株树上的发病部位以枝干的阳面、树干分杈处、剪锯口和其他伤口处较多。同一园中，挂果树比不挂果树发病多，老龄树比幼龄树发病多，弱树比旺树发病多。

（1）病害症状。幼树受害后，病部深达木质部，周围出现愈伤组织，呈灰色梭形病斑，水渍状，手指压时流出液体，有酒糟味。中期病皮失水干陷，病斑上散生许多小黑点，即病菌的分生孢子器。后期病斑纵裂，流出大量黑水（亦称黑水病），当病斑环绕枝干一周时，即可造成枝干或全树死亡（图 10-6）。

成年树受害后，因树皮厚，病斑初期在韧皮部腐烂，许多病斑呈小岛状互相串联，周围集结大量的白色菌丝层，一般外表看不出明显症状，当发现皮层向外溢出黑液时，皮下已扩展为较大的溃疡面。营

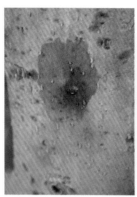

图 10-6　核桃腐烂病症状

养枝或 2~3 年生侧枝感病后，枝条逐渐失绿，皮层与木质剥离、失水，皮下密生黑色小点，呈枯枝状。修剪伤口感染发病后，出现明显的褐色病斑，并向下蔓延引起枝条枯死。

（2）发病规律。病菌以菌丝体和分生孢子器在枝干病部越冬。第 2 年环境适宜时，产生分生孢子，借助风雨、昆虫等传播，从冻伤、机械伤、剪锯口、嫁接口等处侵入。病斑扩展主要在 4 月中旬至 5 月下旬。一般管理粗放，土层瘠薄，排水不良，水肥不足，树势衰弱或遭冻害及盐碱害的核桃树，易感染此病。

（3）防治方法。

1）采用综合防治措施。

2）减少病菌入侵口。对剪锯口用 1% 硫酸铜消毒。适期采收，尽量避免用棍棒击伤树皮，从而减少伤口。

3）刮治病斑。一般在春季进行，也可在生长期发现病斑随时进行刮治，刮治的范围可控制到比变色组织大出 1 厘米，然后用 2% 农抗120 水剂 30 倍液涂抹 2 次，或涂干腐灵，或不用刮病斑直接喷施 1∶1 的石硫合剂或碧康，均具有很好的防治效果（图 10-7 至图 10-9）。

图 10-7 刮树皮后涂药

图 10-8 涂药后防治效果

图 10-9 涂药后愈合过程

（二）主要虫害

核桃树栽培范围广，病虫种类较多，由于栽培管理多较粗放，核桃树虫害问题比较严重。据统计，目前已知危害核桃的害虫达120余种。由于各核桃产区的生态条件不同，虫害种类、分布及危害程度也各异。因此，在实际生产中，应根据具体情况来实施防治措施。

1.核桃云斑天牛 云斑天牛又叫铁炮虫、大天牛、钻木虫等。主要危害枝干，危害严重的地区受害株率达95%。受害树有的主枝死亡，有的主干因受害而整株死亡。

（1）危害症状。幼虫蛀食核桃树树干，形成刻槽，截断运输通道，同时引起伤口流黑水。成虫羽化后，啃食新梢皮层等幼嫩部分。受害新梢遇风折断，呈"伞"状下垂干枯，叶、果脱落。另外，受害部位皮层稍开裂，从虫孔排出大量粪屑（图10-10）。危害后期皮层开裂，木质部中的虫道比木蠹蛾少。成虫羽化孔多在上部，呈一大圆孔。

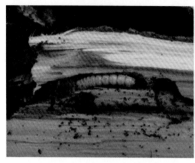

图10-10　云斑天牛危害状

（2）形态特征。

1）成虫。体长40~46毫米，宽15~20毫米，体黑色或灰褐色，密被灰色绒毛，头部中央有一条纵沟。触角鞭状，长于体。前胸背板有一对肾形白斑，两侧各有一枚粗大刺突。小盾片白色。鞘翅上有大小不等的白斑，似云片状，基部密布黑色瘤状颗粒，两翅鞘的后缘有一对小刺（图10-11）。

2）卵。长椭圆形，土黄色，长6~10毫米，宽3~4毫米，一端大，一端小，略弯曲扁平，卵壳硬，光滑。

3）幼虫。体长70~90毫米，淡黄白色，头部扁平，半截缩于胸部，前胸背板为橙黄色，着生黑点，两侧白色，其上有一个半月牙形的橙黄色斑块。斑块前方有2个黄色小点（图10-12）。

4）蛹。长40~70毫米，淡黄白色，触角卷曲于腹部，形似时钟的发条。

（3）生活习性。该虫一般2~3年发生一代，以幼虫在树干内越冬。

图 10-11 成虫

图 10-12 幼虫

翌年 4 月中下旬开始活动，幼虫老熟便在隧道的一端化蛹，蛹期 1 个月左右。核桃雌花开放时咬成直径 1~1.5 厘米大的圆形羽化口而出，5 月为成虫羽化盛期。成虫在虫口附近停留一会儿后再上树取食枝皮及叶片，补充营养。多夜间活动，白天喜栖息在树干及大枝上，有受惊落地的假死性，能多次交尾。5 月成虫开始产卵，产卵前将树皮咬成一指头大圆形或半月牙形破口刻槽，然后产卵其中。通常每槽内产卵 1 粒，雌虫产卵量约 40 粒。一般产在离地面 2 米以下，胸径 10~20 厘米的树干上，也有在粗皮上产卵的。6 月为产卵盛期，成虫寿命约 9 个月，卵期 10~15 天，然后孵化出幼虫。初孵幼虫在皮层内危害，被害处变黑，树皮逐渐胀裂，流出褐色树液。20~30 天后幼虫逐渐蛀入木质部，不断向上取食，随虫龄增大，危害加剧，虫道弯曲，长达 25 厘米左右，不断向外排出木丝虫粪，堆积在树干附近，第 1 年幼虫在蛀道内越冬，翌年春季继续危害，幼虫期长达 12~14 个月，第 2 年 8 月老熟幼虫在虫道顶端做椭圆形蛹室化蛹，9 月中下旬成虫羽化，留在蛹室内越冬。第 3 年核桃树发枝时，成虫从羽化孔爬出上树危害。

（4）防治方法。

1）人工捕杀。白天经常观察树叶、嫩枝，发现有小嫩枝被咬破且呈新鲜状时，利用成虫的假死性可在成虫发生期进行人工振落或直接捕捉杀死。成虫产卵后，经常检查，发现有产卵破口刻槽，用锤敲击，可消灭虫卵和初孵幼虫。当幼虫蛀入树干后，可以虫粪为标志，用尖端弯成小钩的细铁丝，从虫孔插入，钩杀幼虫。

2）用黑光灯诱杀。利用成虫趋光和假死习性，晚上用黑光灯引诱捕杀（图10-13）。

3）药剂防治。

a. 涂白。冬季或产卵期前，用生石灰5千克，硫黄0.5千克，食盐0.25千克，水20千克充分拌匀后，涂刷树干基部，以防成虫产卵，也可杀死幼虫。

b. 虫孔注药。幼虫危害期（6~8月），用废针管从虫道注入80%的敌敌畏或40%氧化乐果乳油或10%吡虫啉可湿性粉剂或

图10-13　黑（杀虫）光灯

16%虫线清乳油100~300倍液5~10毫升，也可浸药棉塞孔，或在虫孔塞入0.2克磷化铝片，然后用黏泥或塑料袋堵住虫孔，以熏杀幼虫。

c. 毒签熏杀。幼虫危害期，从虫道插入"天牛净毒签"，3~7天后，幼虫致死率在98%以上。其有效期长，使用安全、方便、节省投入。

d. 喷药防治。成虫发生期，对集中连片危害的林木，向树干喷洒90%的敌百虫1 000倍液或绿色威雷100~300倍液杀灭成虫。

e. 生物农药。白僵菌是一种虫生真菌，能寄生在很多昆虫体上，对防治天牛效果突出。可用微型喷粉器喷洒白僵菌纯孢粉，防治云斑天牛成虫。或向蛀孔注入白僵菌液，可防治多种天牛幼虫。25%灭幼脲3号悬浮剂，是无公害昆虫激素类农药，可在成虫发生期向树干喷洒25%灭幼脲500倍液杀灭成虫。1.2%苦烟乳油是植物杀虫剂，对害虫具有强烈的触杀、胃毒和一定的熏蒸作用且不易产生抗药性，是替代化学农药的理想产品，可在成虫发生期地面喷雾500~800倍液，亩用药液100~200千克，杀灭成虫。

f. 益鸟治虫。啄木鸟是蛀干害虫的重要天敌，可取食天牛科等数十种林木害虫。据研究，一头雏鸟一天要食25头幼虫。因此应加以保

护，或在林内挂啄木鸟巢招引，便于防治天牛等蛀干害虫。保护和利用寄生性天敌。管氏肿腿蜂能寄生在天牛幼虫体内，应注意保护和利用，主要是尽可能少施或不施化学农药。

2. 核桃举肢蛾 核桃举肢蛾俗称核桃黑。在土壤潮湿、杂草丛生的荒山沟洼处尤为严重。主要危害果实，果实受害率达 70%~80%，甚至高达 100%，是降低核桃产量和品质的主要害虫。

（1）危害症状。幼虫在青果皮内蛀食多条隧道，并充满虫粪，被害处青皮变黑，危害早者种仁干缩、早落；危害晚者种仁瘦瘪变黑。被害后 30 天内可在果中剥出幼虫，有时 1 个果内有十几条幼虫。

（2）形态特征。

1）成虫。为小型黑色蛾子，翅展 13~15 毫米。翅狭长，翅缘毛长于翅宽。前翅 1/3 处有椭圆形白斑，2/3 处有月牙形或近三角形白斑。后足特长，休息时向上举。腹背每节均有黑白相间的鳞毛（图 10-14）。

2）卵。圆形，长约 0.4 毫米。初产时呈乳白色，孵化前为红褐色。

3）幼虫。老熟时体长 7~9 毫米，头褐色，体淡黄色，每节均有白色刚毛（图 10-15）。

4）蛹。纺锤形，长 4~7 毫米，黄褐色，蛹外有褐色茧，常黏附草末及细土粒。

图 10-14 成虫   图 10-15 幼虫

（3）生活习性。以老熟幼虫在树冠下 1~2 厘米深的土中越冬。翌年 5 月中旬至 6 月中旬化蛹，成虫发生期在 6 月上旬至 7 月上旬，幼虫一般在 6 月中旬开始危害，7 月危害最严重。成虫在相邻两果之间的缝隙处产卵，一处产卵 3~4 粒。4~5 天孵化，幼虫蛀果后有汁液流出，呈水珠状。1 个果内有 5~7 头幼虫，最多达 30 余头。幼虫在果内危害 30~45 天，老熟后从果中脱出，落地入土结茧越冬。该虫发生与环境条件有密切关系，随海拔高度与气候条件不同而异。高海拔地区每年发生 1 代，低海拔地区每年发生 2 代。一般多雨年份比干旱年份危害重，荒坡地比间作地危害重，深山的沟顶及阴坡比阳坡及沟口开阔平地危害重。

（4）防治方法。

1）消灭虫源。结冻前彻底清除树冠下部枯枝落叶和杂草，刮掉树干基部老皮，集中烧毁。翻耕树下土壤，捡出土中的虫子，集中消灭。在受害幼果脱落前，及时剪、摘深埋，以减少翌年的虫口密度。

2）生物防治。释放松毛虫赤眼蜂，在 6 月每亩释放赤眼蜂 30 万头，可控制举肢蛾的危害。

3）耕翻土壤。采果至土壤结冻前或翌年早春进行树下耕翻，可将幼虫消灭在出土之前，耕翻深度约 15 厘米，范围要稍大于树冠投影面积。结合耕翻可在树冠下地面上喷施氯唑磷（米乐尔）3% 颗粒剂每亩 133.3 克，或 25% 辛硫磷微胶囊每亩 66.7 克 500 倍液，或除虫精粉剂每亩用 133.3 克，施后翻耙（或浅锄）使药土混匀。

4）药剂防治。成虫羽化前，树盘覆土 2~4 厘米厚，或地面撒药，每亩撒杀螟松粉 2~3 千克。在幼虫孵化期是药剂防治的重点，第 1 次喷药时间为化蛹率达 25%，羽化率达 15% 时，以后每隔 10 天喷药 1 次，共喷 3 次。药剂可选用 20% 速灭杀丁 1 000 倍液，或 20% 除虫脲 5 000 倍液，或 50% 敌百虫乳油 1 000 倍液，48% 乐斯本乳油 2 000 倍液，1.8% 阿维菌素乳油 500 倍液喷雾。或间隔喷 1 次 50% 杀螟松乳剂 1 000~1 500 倍液。

3. 桃蛀螟 桃蛀螟又名桃蛀野螟、桃斑螟、桃实螟、桃蛀心虫、桃实虫。分布于全国各产区。危害桃、核桃、柿、杏、石榴、山楂、板栗等果树的果实。

（1）危害症状。幼虫从果与果、果与叶、果与枝的接触处钻入蛀食果实。果实内充满虫粪，致果实腐烂并造成落果或干果挂在树上。

（2）形态特征。

1）成虫。体长 10~12 毫米，翅展 24~26 毫米，全体金黄色，胸、腹部及翅上都具有黑色斑点，触角丝状（图 10-16），雌蛾腹部末节呈圆锥形，雄蛾腹部末端有黑色毛丛。

2）卵。椭圆形，长 0.6~0.7 毫米，乳白色至红褐色。

3）幼虫。体长 22~25 毫米，头部暗黑色，胸部暗红色或淡灰或浅灰蓝色，腹面淡绿色（图 10-17）；前胸背板深褐色，中、后胸及 1~8 腹节各有排成 2 列的大小毛片 8 个，前列 6 个，后列 2 个。

图 10-16 成虫

图 10-17 幼虫

4）蛹。褐色或淡褐色，长约 13 毫米。

（3）生活习性。黄淮地区 1 年发生 4 代，以老熟幼虫或蛹在僵果中、树皮裂缝、堆果场及残枝败叶中越冬。翌年 4 月上旬，越冬幼虫化蛹，下旬羽化产卵，5 月中旬发生第 1 代，7 月上旬发生第 2 代，8 月上旬发生第 3 代，9 月上旬发生第 4 代，尔后以老熟幼虫或蛹越冬。成虫昼伏夜出，对黑光灯趋性强，对糖醋液也有趋性。卵散产于两果相并处和枝叶遮盖的果面或梗洼上，卵期 7 天左右。幼虫世代重叠严重，尤以第 1、2 代重叠常见，以第 2 代危害重。

（4）防治要点。

1）农业防治。冬春季节彻底清理树上、树下干僵果及园内枯枝落叶和刮除翘裂的树皮，清除果园周围的玉米、高粱、向日葵、蓖麻等遗株深埋或烧毁，消灭越冬幼虫及蛹。

2）杀虫灯诱杀。在果园内挂杀虫光灯，或放置糖醋液诱杀成虫。

3）诱集作物诱杀。根据桃蛀螟对玉米、高粱、向日葵趋性强的特性，在果园内或四周种植诱集作物，集中诱杀。一般每亩种植玉米、高粱或向日葵20~30株。

4）药剂防治。掌握在桃蛀螟第1、2代成虫产卵高峰期的6月20日至7月30日间喷药，施药3~5次，叶面喷洒Bt乳剂500倍液，或爱福丁1号（阿维菌素）6 000倍，或25%灭幼脲1 500~2 500倍，或90%晶体敌百虫800~1 000倍液，或20%杀灭菊酯乳油1 500~2 000倍液，或2.5%溴氰菊酯乳油2 000~3 000倍液，或50%辛硫磷乳油1 000倍液等。

4. 木橑尺蠖 木橑尺蠖又名小大头虫、吊死鬼，为分布较广的杂食性害虫。

（1）危害症状。幼虫对核桃树危害十分严重，大量发生时，幼虫在3~5天内即可把全树叶片吃光，致使核桃减产，树势衰弱。受害叶出现斑点状半透明痕迹或小空洞。幼虫长大后沿叶缘吃成缺刻，或只留叶柄。

（2）形态特征。

1）成虫。体长18~22毫米，白色，头金黄色。胸部背面具有棕黄色鳞毛，中央有1条浅灰色斑纹。翅白色，前翅基部有一个近圆形黄棕色斑纹。前、后翅上均有不规则浅灰色斑点。雌虫触角丝状，雄虫触角羽状，腹部细长。腹部末端具有黄棕色毛丛（图10-18）。

2）卵。扁圆形，长约1毫米，翠绿色，孵化前为暗绿色。

3）幼虫。老熟时体长60~85毫米，体色因寄主不同而有变化。

图10-18　成虫

头部密生小突起，体密布灰白色小斑点，虫体除首尾两节外，各节侧面均有一个灰白色圆形斑（图10-19）。

图10-19 不同姿态的幼虫

4）蛹。纺锤形，初期翠绿色，最后变为黑褐色，体表布满小刻点。颅顶两侧有齿状突起，肛门及臀棘两侧有3块峰状突起。

（3）生活习性。每年发生1代，以蛹在树干周围土中或阴湿的石缝里或梯田壁内越冬。翌年5~8月冬蛹羽化，7月中旬为羽化盛期。成虫出土后2~3天开始产卵，卵多产于寄主植物皮缝或石块上，幼虫发生期在7月至9月上旬。8月中旬至10月下旬老熟幼虫化蛹越冬。幼虫活泼，稍受惊动即吐丝下垂。成虫不活泼，喜晚间活动，趋光性强。5月降雨有利于蛹的生存，南坡越冬死亡率高。

（4）防治方法。

1）灯光诱杀。于5~8月成虫羽化期，用黑光灯诱杀或堆火诱杀。

2）人工挖蛹。早秋或早春，结合整地、修台堰等，在树盘内人工挖蛹。

3）药剂防治。幼虫孵化盛期，最好在幼虫四龄以前及时用药，药剂可选用灭幼脲Ⅲ号25%悬浮剂2 000倍均匀喷雾防治，或用1.8%阿维菌素（乳油）1 500倍液或1.2%苦烟乳油1 500倍液防治，或用每毫克含2 500国际单位Bt乳剂500~800倍液喷雾防治。

5. 草履蚧 草履蚧又名草鞋蚧。在我国大部分地区都有分布。

（1）危害症状。该虫吸食树液，致使树势衰弱，甚至枝条枯死，影响产量。被害枝干上有1层黑霉，受害越重黑霉越多。

（2）形态特征。

1）成虫。雌成虫无翅，体长10毫米，扁平椭圆，灰褐色，形似草鞋（图10-20）。雄成虫体长约6毫米，翅展11毫米左右，紫红色。触角黑色，丝状。

2）卵。椭圆形，暗褐色。

3）若虫。与雌成虫相似（图10-21）。

图10-20　成虫

图10-21　若虫

4）蛹。雄蛹圆锥形，淡红紫色，长约5毫米，外被白色蜡状物。

（3）生活习性。该虫1年发生1代。以卵在树干基部土中越冬。卵的孵化早晚受气温影响。在河南最早于1月即有若虫出土。初龄若虫行动迟缓，天暖上树，天冷回到树洞或树皮缝隙中隐蔽群居，最后到一二年生枝条上吸食危害。雌虫经3次蜕皮变成成虫，雄虫第2次蜕皮后不再取食，下树在树皮缝、土缝、杂草中化蛹。蛹期10天左右，4月下旬至5月上旬羽化，与雌虫交配后死亡。雌成虫6月前后下树，在根颈部土中产卵后死亡。

（4）防治方法。

1）涂粘虫胶带。在草履蚧若虫未上树前于3月初在树干基部刮除老皮，涂宽约15厘米的粘虫胶带（图10-22），粘胶一般配法为废机油和石油沥青各1份，加热溶化后搅匀即成；或废机油、柴油或蓖麻油2份，加热后放入1份松香粉熬制而成。如在胶带上再包一层塑料布，下端呈喇叭状，防治效果更好。

2）薄膜阻隔法。在树干适当的位置，用软泥涂抹树缝一圈，将树缝涂抹严密，泥层高于树干皮层。之后将宽约 40 厘米塑料薄膜环绕树干包裹 2 周，包裹时使薄膜上端包住泥圈，包平包紧。裁去多余部分，将上下两端同时用胶带缠扎即可。

图 10-22 粘虫胶带

3）根部土壤喷药。若虫上树前，用 6% 的柴油乳剂喷洒根颈部周围土壤。

4）耕翻土壤。采果至土壤结冻前或翌年早春进行树下耕翻，可将草履蚧消灭在出土之前，耕翻深度约 15 厘米，范围要稍大于树冠投影面积。结合耕翻可在树冠下地面上撒施 5% 辛硫磷粉剂，每亩用 2 千克，施后翻耙使药土混合均匀。

5）药剂防治。1 月下旬对树干周围表土喷洒机油乳剂 150 倍液，杀死初孵若虫；2 月上旬至 3 月中旬若虫期，可用速蚧克 1 500 倍、蚧死净 1 000 倍液、触杀蚧螨 1 000 倍液喷雾防治，每隔 10 天喷一次药，连喷 3 次，消灭树上若虫。

6）保护天敌。草履蚧的天敌主要是黑缘红瓢虫，喷药时避免喷菊酯类和有机磷类等广谱性农药，喷洒时间不要在瓢虫孵化盛期和幼虫时期。

6. 桑白蚧 桑白蚧又名桑盾蚧、桑介壳虫。在全国各地均有分布。

（1）危害症状。以若虫和雌成虫群集在枝干上刺吸汁液，被害枝条被虫体覆盖呈灰白色，也危害果、叶，削弱树势，严重时介壳密集重叠布满枝干（图 10-23），使整株干枯死亡。

（2）形态特征。

1）成虫。雌虫无翅，体长 1 毫米左右，淡黄色至橙黄色，介壳近圆形，直径 2~2.5 毫米，灰白色至黄褐色。雄虫只有 1 对灰白色前翅，体长 0.6~0.7 毫米，翅展约 1.8 毫米，介壳白色细长，长 1.2~1.5 毫米。

图 10-23　桑白蚧危害状

2）卵。椭圆形，橘红色。

3）若虫。淡黄褐色，扁椭圆形，常分泌绵毛状物盖在体上。

4）蛹。仅雄虫有，长椭圆形，长约 0.7 毫米，橙黄色。

（3）生活习性。北方每年发生 2 代，均以受精雌成虫在 2 年生以上的枝条上群集越冬。翌春果树萌芽时，越冬成虫开始危害，4 月下旬至 5 月中旬产卵，5 月中下旬初孵若虫分散爬行到枝条背阴处取食，并固贴在枝条上分泌绵毛状蜡丝，形成介壳。第 1 代若虫期 40~50 天，6 月下旬至 7 月上中旬第 1 代成虫羽化，成虫继续产卵于介壳下，卵期 10 天左右。第 2 代若虫发生在 8 月，若虫期 30~40 天，9 月出现雄成虫，雌虫危害至 9 月下旬后越冬。天敌主要有红点唇瓢虫等。

（4）防治方法。

1）农业防治。冬春季枝条上的雌虫介壳很明显，可用硬毛刷等刷掉越冬雌虫或剪除虫体较多的辅养枝，刷后用石灰水涂干。

2）药剂防治。①入冬前及春季果树发芽前，用 3~5 波美度石硫合剂涂刷枝条或喷雾，或用 5% 柴油乳剂或 99% 绿颖乳油 (机油乳剂)50~80 倍液喷雾消灭越冬雌成虫。②5 月中下旬若虫孵化期，尚未分泌蜡粉介壳前，是药剂防治的关键时期。可用下列药剂喷洒树干：蚧杀特 800~1 000 倍液，或蚧死净 800~1 000 倍液，或 5% 扑虱灵可湿性粉剂 1 000~1 500 倍液，或 10% 吡虫啉可湿性粉剂 1 500 倍液等。

7. 刺蛾类　刺蛾类又名洋拉子、八角。在全国各地均有分布。以幼虫取食叶片，影响树势和产量，是核桃叶部的重要害虫。刺蛾的种类有黄刺蛾、绿刺蛾、褐刺蛾、扁刺蛾等。

（1）危害症状。初龄幼虫取食叶片的下表皮和叶肉，仅留表皮层，叶面出现透明斑。3龄以后幼虫食量增大，把叶片吃成多孔洞，缺刻（图10-24），影响树势和第2年结果。幼虫体上有毒毛，触及人体，会刺激皮肤发痒发痛。

图 10-24 刺蛾类危害状

（2）形态特征。

1）黄刺蛾：成虫体长约15毫米，体黄色，前翅内半部黄色，外半部黄褐色，有2条暗褐色斜纹在翅尖会合呈倒"V"形，后翅浅褐色。卵椭圆形、扁平、淡黄色。幼虫体长约20毫米，体黄绿色，中间紫褐色斑块两端宽中间细，呈哑铃形（图10-25）。茧椭圆形，长约12毫米。质地坚硬，灰白色，具黑褐色纵条纹，似雀蛋（10-26）。

图 10-25 黄刺蛾幼虫

2）绿刺蛾：成虫体长约 15 毫米，体黄绿色，头顶胸背皆绿色，前翅绿色，翅基棕色，近外缘有黄褐色宽带，腹部及后翅淡黄色。卵扁椭圆形，翠绿色。幼虫体长约 25 毫米，体黄绿色（图 10-27）。背具有 10 对刺瘤，各着生毒毛，后胸亚背线毒毛红色，背线红色，前胸 1 对突刺黑色，腹末有蓝黑色毒毛 4 丛。茧椭圆形，栗棕色。

图 10-26　黄刺蛾茧

图 10-27　绿刺蛾幼虫

3）扁刺蛾：成虫体长约 17 毫米，体翅灰褐色。前翅赭灰色，有 1 条明显暗褐色斜线，线内色淡，后翅暗灰褐色。卵椭圆形，扁平。幼虫体长 26 毫米，黄绿色，扁椭圆形（图 10-28）。背面稍隆起，背面白线贯穿头尾。虫体两侧边缘有瘤状刺突各 10 个，第 4 节背面有一个红点。茧长椭圆形，黑褐色。

图 10-28　扁刺蛾幼虫

4）褐刺蛾：成虫体长约 18 毫米，灰褐色。前翅棕褐色，有两条深褐色弧形线，两条线之间色淡，在外横线与臀角间有一紫铜色三角斑。卵扁平，椭圆形，黄色。幼虫体长 35 毫米，体绿色。背面及侧面天蓝色，各体节刺瘤着生红棕色刺毛，以第 3 胸节及腹部背面第 1、第 5、第 8、

第9节刺瘤最长。茧椭圆形，灰褐色。

（3）生活习性。

1）黄刺蛾：1年发生1~2代，以老熟幼虫在枝条分杈处或小枝上结茧越冬。于5月下旬羽化，成虫产卵于叶片背面，数十粒卵连成一块，卵期约8天。第1代成虫于6月中旬羽化，7月上旬是幼虫危害盛期。第2代幼虫危害盛期在8月上中旬，低龄幼虫喜群集危害。

2）绿刺蛾：1年发生1~3代，以老熟幼虫在树干基部结茧越冬。成虫于6月上中旬开始羽化，末期在7月中旬。8月是幼虫危害盛期。成虫的趋光性较强，在夜间活动。初孵幼虫有群集性。

3）扁刺蛾：1年发生2~3代，以老熟幼虫在土中结茧越冬。6月上旬开始羽化为成虫。成虫有趋光性。幼虫发生期很不整齐，6月中旬出现幼虫，直到8月上旬仍有初孵幼虫出现，幼虫危害盛期在8月中下旬。

4）褐刺蛾：1年发生1~2代，以老熟幼虫结茧在土中越冬。

（4）防治方法。

1）消灭越冬虫茧。9~10月或冬季，结合修剪、挖树盘等清除越冬虫茧。

2）诱杀。利用成虫趋光性，用黑光灯诱杀。

3）人工捕捉幼虫。当初孵幼虫群聚未散开时及时摘除虫叶，集中消灭。

4）保护利用天敌。上海青蜂是黄刺蛾天敌的优势种群，一般年份黄刺蛾茧被上海青蜂寄生率高达30%左右。寄生茧易于识别，茧的上端有上海青蜂产卵时留下的圆孔或不整齐小孔，在休眠期掰除黄刺蛾冬茧，挑出放回田间，翌年黄刺蛾越冬茧被寄生率可高达65%以上。

5）药剂防治。刺蛾严重发生时，可喷苏云金杆菌（Bt）或青虫菌500倍液，或25%灭幼脲3号胶悬剂1 000倍液，或50%辛硫磷1 000倍液，或90%晶体敌百虫，或48%乐斯本乳油2 000倍液，或90%敌敌畏晶体1 000倍液，或20%灭扫利乳油2 000倍液。

8. 铜绿金龟 铜绿金龟又名铜绿金龟子、青铜金龟、硬壳虫等，幼虫称蛴螬。在全国各地均有分布，可危害多种果树。

（1）危害症状。幼虫主要危害根系，成虫则取食叶片、嫩枝、嫩芽和花柄等，将叶片吃成缺刻或吃光，影响树势及产量。

（2）形态特征。

1）成虫。体长约18毫米，椭圆形，铜绿色，具金属光泽。额头前胸背板两侧缘黄白色。翅鞘有4~5条纵隆起线，胸部腹面黄褐色，密生细毛。足的胫节和跗节红褐色。腹部末端两节外露（图10-29）。

2）卵。初产时乳白色，近孵化时变为淡黄色，圆球形，直径约1.5毫米。

3）幼虫。体长约30毫米，头部黄褐色，胴部乳白色，腹部末节腹面除钩状毛外，有两列针状刚毛，每列16根左右（图10-30）。

图10-29　成虫　　　　　　　　　图10-30　幼虫

4）蛹。长椭圆形，长约18毫米，初为黄白色，后渐变为淡黄色。

（3）生活习性。此虫1年发生1代，以幼虫在土壤深处越冬。翌年春季幼虫开始危害根部，5月化蛹，成虫出现期为5~8月，6月是危害盛期。成虫常在夜间活动，有趋光性。

（4）防治方法。

1）诱杀。成虫大量发生期，因其具有强烈的趋光性，有条件的果园可用黑光灯诱杀。或将糖、醋、白酒、水按1:3:2:20的比例配成液体，加入少许农药制成糖醋液，装入罐头瓶中（液面达瓶的2/3为宜），挂在核桃园进行诱杀。

2）人工捕杀。利用成虫的假死习性，人工振落捕杀。

3）忌避法。自然界中许多动物都有忌食同类尸体并厌避其腐尸气味的现象，可利用这一特点驱避金龟子。方法是：将人工捕捉或灯光诱杀的金龟子捣碎后装入厚塑料袋中密封，置于日光下或高温处使其腐败，一般经过 2~3 天塑料袋鼓起且有臭味散出时，把腐败的碎尸倒入盆中并加水，水量以浸透为度。用双层纱布过滤 2 次，用浸出液按 1 ：（150~200）的比例喷雾。

此法对于幼树、苗圃效果特别好，喷后被害率低于 10%。

4）药剂防治。发生严重时，可选下列任何一种农药喷施：2.5% 敌百虫粉剂，或 75% 辛硫磷乳剂 1 500 倍液，90% 敌百虫 1 000 倍液，喷杀成虫，其防治效果均在 90% 以上。

5）保护利用天敌。铜绿金龟的天敌有益鸟、刺猬、青蛙、寄生蝇、病原微生物等。

9. 核桃大灰象甲　核桃大灰象甲又名象鼻虫。分布于河南、山东、陕西、湖北、四川等地区。危害核桃的幼芽和叶片。

（1）危害症状。成虫取食核桃的嫩芽和幼叶，轻者把叶片食成缺刻或孔洞，重者把芽、叶、嫩梢吃光，造成二次萌芽（图 10-31）。

（2）形态特征。

1）成虫：体粗肥，长为 9~12 毫米，灰黄或灰褐色。前胸背板中央黑褐色，两侧略凸，中间最宽。小盾板半圆形，中央有一条纵沟。鞘翅卵圆形，具褐色云斑，每鞘翅上各有 10 条纵沟，末端尖锐，刻点宽而深，刻点明显，长 1 毫米，宽 0.4 毫米。头管粗短，背面有 3 条

图 10-31　核桃大灰象甲危害状　　　　　图 10-32　成虫

纵沟（图 10-32）。

2）卵：长约 1.2 毫米，长椭圆形，初产时为乳白色，两端半透明，近孵化时乳黄色。

3）幼虫：老熟幼虫体长约 14 毫米，乳白色，头部米黄色。

4）蛹：长 9~10 毫米，长椭圆形，初为乳白色，复眼褐色。

（3）生活习性。2 年 1 代，第一年以幼虫越冬，第二年以成虫越冬。成虫不能飞，主要靠爬行转移，动作迟缓，有假死性。翌年 3 月开始出土活动，先取食杂草，待核桃发芽后，陆续转移到苗树上取食新芽、嫩叶。白天多栖息于土缝或叶背，清晨、傍晚和夜间活跃。4 月中旬从土内钻出，群集于幼苗取食。5 月下旬开始产卵，成块产于叶片，6 月下旬陆续孵化。幼虫期生活于土内，取食腐殖质和须根，对核桃幼苗危害不大。随温度下降，幼虫下移，9 月下旬达 60~100 厘米土深处，筑土室越冬。翌春越冬幼虫上升表土层继续取食，6 月下旬开始化蛹，7 月中旬羽化为成虫，在原地越冬。

（4）防治方法。

1）生物防治。适期喷洒每毫升含孢量 2 亿的白僵菌液，喷菌液时相对湿度如在 80% 以上，效果较好。注意保护利用天敌。

2）物理防治。在成虫发生盛期振动树枝，树下铺置塑料布，收集并杀灭落地成虫。春季 3 月中旬成虫上树前用胶环包扎树干，或直接将胶涂在树干上，防止成虫上树，并逐日将诱集在胶环下面的成虫消灭。但要注意胶环有效持续时间，及时更换新环。

3）药剂防治。从成虫出蛰盛期至幼虫孵化盛期，是药剂防治的关键时期，可喷洒 2% 阿维菌素 2 000 倍液，或 50% 丙硫磷乳油、50% 辛硫磷乳油、50% 杀螟硫磷乳油 1 000 倍液，或 25% 甲奈威可湿性粉剂 600~800 倍液，或 10% 联苯菊酯乳油 2 000 倍液，或 10% 氯菊酯乳油 1 000~1 500 倍液，或 50% 辛·溴乳油 1 500 倍液等。

10. 芳香木蠹蛾　芳香木蠹蛾又叫杨木蠹蛾。分布于东北、华北、西北等地。危害核桃、苹果、梨、桃、杏等果树的根茎。

（1）危害症状。幼龄幼虫蛀食根茎皮层，大龄幼虫可蛀食木质部。受害轻者树势衰弱，重者导致几十年大核桃树死亡。

（2）形态特征（图10-33）。

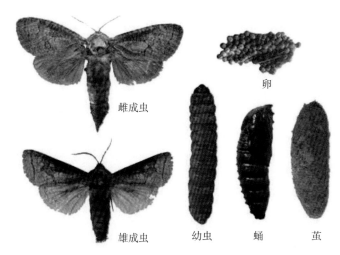

图 10-33　芳香木蠹蛾的形态

1）成虫。全体灰褐色，腹背略暗，体长 30 毫米左右，翅展 56~80 毫米，雌蛾大于雄蛾，触角栉齿状，前翅灰白色，前缘灰褐色，密布褐色波状横纹，由后缘角至前缘有一条粗大明显的波纹。

2）卵。初白色渐变至暗褐色，近卵圆形，1.5 毫米 × 1.0 毫米。

3）幼虫。扁圆筒形，成龄体长 56~80 毫米，胸部背面红色或紫茄色，有光泽，腹面淡红或黄色，头部紫黑色，有不规则的细纹，前胸背板生有大型紫褐色斑纹一对。

（3）生活习性。河南、陕西、山西、北京等地 2 年发生 1 代，青海西宁 3 年发生 1 代。以幼虫在被害树木的蛀道内和树干基部附近的土内越冬。越冬幼虫于 4 月至 5 月化蛹，6 月至 7 月羽化为成虫。成虫昼伏夜出，有趋光性。卵块多产于树干基部 1.5 厘米以下或根茎结合部的裂缝或伤口处，每块有卵数粒至百余粒。幼虫孵化后即从伤口、树皮裂缝或旧蛀孔等处钻入皮层，先在皮层下蛀食，使木质部与皮层分离，极易剥落，后在木质部的表面蛀成槽状蛀坑，从蛀孔处排出细碎均匀的褐色木屑。初龄幼虫群集危害，随虫龄增大，分散在树干的同一段内蛀食，并逐渐蛀入髓部，形成粗大而不规则的蛀道。10月后在蛀道内越冬。翌年继续危害，到9月下旬至10月上旬，幼虫老熟，爬出隧道，在根际处或离树干几米外向阳干燥处约10厘米深的土壤中结茧越冬。老熟幼虫爬行速度较快，遇到惊扰，可分泌出一种有芳香气味的液体，因此而得名。

（4）防治方法。

1）农业综合防治方法：清园、涂白、深翻果园等杀死虫卵，减少害虫基数。

2）挂杀虫灯。利用成虫的趋光性诱杀，减少成虫从而大大降低产卵量。

3）用药胶环。因其多在树下产卵，每年4~5月雌蛾产卵前，在树干1.2米左右处涂抹药物胶环，杀死幼虫。

4）用性信息素。在成虫扬飞前，将芳香木蠹蛾性信息素及配套诱捕器悬挂于园中1.5~2米的树干上，每亩3~5套。

5）药剂防治。在6月中旬至7月下旬，成虫产卵期用50%杀螟硫磷乳油1 000~1 500倍液，或40%乐斯本乳油1 500~2 000倍液，或20%哒嗪硫磷乳油800~1 000倍液，或2.5%敌杀死乳油2 000~3 000倍液，或25%灭幼脲悬浮剂1 500倍液等，于树干胸段下喷2~3次，杀初孵化幼虫效果好。5~10月，幼虫蛀食期，用上述药剂30~50倍液注入虫孔1次，药液注入量以能杀死蛀道内幼虫为度，一般10~20毫升即可，注多了易造成烂干，注药后用泥封口。

11. 斑叶蜡蝉 斑叶蜡蝉又名椿皮蜡蝉、斑衣、红娘子等。分布于全国多数产区。危害核桃、柿、桃、杏、石榴、枣等果树叶、枝。

（1）危害特征。成、若虫刺吸枝、叶汁液，排泄物常诱发煤污病，削弱树势，严重时引起茎皮枯裂，甚至死亡。

（2）形态特征。

1）成虫。体长15~20毫米，翅展39~56毫米，雄较雌小，基色暗灰泛红，体翅上常覆白蜡粉，头顶向上翘起呈短角状，触角刚毛状红色，前翅革质，基部2/3淡灰褐色，散生20余个黑点，端部1/3暗褐色，脉纹纵向整齐，后翅基部1/3红色，上有6~10个黑褐斑点，中部白色半透明，端部黑色（图 10-34）。

2）卵。长椭圆形，长 3 毫米左右，状似麦粒（图 10-35）。

图 10-34　成虫　　　　　　　　　图 10-35　越冬卵块

3）若虫。体扁平，头尖长，足长，1~3 龄体黑色，布许多白色斑点（图 10-36）；4 龄体背面红色，布黑色斑纹和白点（图 10-37）。末龄体长 6.5~7 毫米。

（3）生活习性。1 年发生 1 代，以卵块于枝干上越冬。翌年 4~5 月孵化。若虫喜群集嫩茎和叶背危害，若虫期约 90 天，6 月下旬至 7 月羽化。9 月交尾产卵，多产在枝杈处的阴面，每块有卵数十粒，卵

图 10-36　1~3 龄若虫　　　　　　图 10-37　4 龄若虫

粒排列成行，上覆灰色土状分泌物。成、若虫均有群集性，较活泼、善跳跃，受惊扰即跳离，成虫则以跳助飞。白天活动危害。成虫寿命达4个月，危害至10月下旬陆续死亡。

（4）防治方法。

1）农业防治。冬春季卵块极好辨认，用硬物挤压卵块消灭。成虫盛发期可用虫网捕杀。严防周边种植椿树。

2）药剂防治。若虫和成虫危害期，可用90%敌百虫1 000倍液，或40%乐果乳剂1 200倍液，或50%辛硫磷乳油2 000倍液进行喷杀。由于若虫被有蜡粉，所用药液中混用含油量0.3%~0.4%的柴油乳剂或黏土柴油乳剂，可显著提高防效。

12. 舞毒蛾 舞毒蛾又名秋千毛虫、柿毛虫等。分布于全国各地。危害核桃、柿、苹果、梨、杏、李、樱桃等果树的嫩芽和叶片。

（1）危害特征。幼虫蚕食叶片成缺刻，重则食光全树叶片。

（2）形态特征。

1）成虫。雌雄异型，雄体长18~20毫米，翅展45~47毫米，暗褐色，头黄褐色，触角羽状褐色，翅面上有4~5条深褐色波状横线（图10-38）。

2）卵。圆形或卵圆形，直径1毫米左右，初黄褐渐变灰褐色。

3）幼虫。体长50~70毫米，头黄褐色，正面有"八"字形黑纹，

图10-38　成虫

胴部背面灰褐色，背线黄褐，胸、腹足暗红色，各体节各有6个毛瘤横列，中央的一对色艳。各节两侧的毛瘤上生黄白与黑色长毛束（图10-39）。

4）蛹。长19~24毫米，初红褐后变黑褐色（图10-40）。

图10-39　幼虫

图10-40　蛹

（3）生活习性。1年发生1代，以卵块在树体上、石块、梯田壁等处越冬。寄主发芽时孵化，初龄幼虫白天群栖，夜间取食，受惊扰吐丝下垂借风力传播，故称秋千毛虫。2龄后分散取食，白天栖息在树杈、皮缝中，傍晚上树取食。幼虫期50~60天，6月中下旬陆续老熟爬到隐蔽处化蛹，7月成虫羽化。成虫有趋光性，雄蛾白天飞舞于树冠枝叶间，雌蛾体大，很少飞行，多在树上枝干阴面产卵，400~500粒成块，形状不规则。

（4）防治方法。

1）用杀虫灯诱杀。利用成虫的趋光性进行诱杀。

2）人工刮、捕。冬春季结合管理，刮除卵块，减少来年发生基数。幼虫未大发生时，利用白天潜伏的习性，人工捕杀。

3）药剂防治。树干上涂杀虫药带，采用高效低毒低残、高浓度残效期长的触杀剂，在树干上涂 50~60 厘米宽的药带，毒杀上下树幼虫。树冠喷药，可在卵孵化前后和 2 龄前，叶面喷 90% 晶体敌百虫、50% 辛硫磷乳油 40%、乐斯本乳油 1 000 倍液，或 1.8% 阿维菌素乳油 5 000 倍液。

第十一章 核桃采收与采后处理

一、采收

核桃成熟后及时采收并进行商品化处理，能够显著增加经济效益。

（一）采收适期

核桃适时采收非常重要。采收过早青皮不易剥离，种仁不饱满，出仁率和出油率低，且不耐贮藏。核桃在成熟前 1 个月内果实大小和坚果基本稳定，但出仁率与脂肪含量均随采收时间推迟呈递增趋势（表11-1），采收过晚则果实易脱落，同时青皮开裂后停留在树上的时间过长，会增加受霉菌感染的机会，导致坚果品质下降。

表 11-1　不同采收期出仁率和脂肪含量变化

采收时期（日/月）	20/8	25/8	30/8	4/9	9/9	14/9	19/9
出仁率（%）	43.1	45.0	45.2	46.7	46.4	46.4	46.8
脂肪（%）	66.6	68.3	68.8	68.7	68.8	68.9	69.8

核桃果实的成熟期，因品种和气候条件不同各异。早熟和晚熟品种成熟期可相差 10~25 天。一般来说，北方地区的成熟期在 9 月上旬至中旬，南方相对早些。同一地区内的成熟期也有所不同，平原区较山区成熟早，低山区比高山区成熟早，阳坡较阴坡成熟早，干旱年份比多雨年份成熟早。

核桃果实成熟的外观形态特征：青果皮由绿变黄，部分顶部开裂，青果皮易剥离（图 11-1）。

核桃果实成熟的内部特

图 11-1　果实成熟开裂

征：内隔膜刚变棕色，种仁饱满，幼胚成熟，子叶变硬，风味浓香。这时也是果实采收的最佳时期。

目前，生产中采收多数偏早。有些果农在立秋前后就进行采收，这时果实未成熟不易脱落，不仅增加采收难度，坚果品质也有很大下降。除了一些鲜食的品种外，核桃的采收应该在完全成熟后，这样坚果品质最高，销售效益最大。

（二）采收方法

核桃采收一般采用人工采收法和机械振动采收法。

1. **人工采收法**　在果实成熟时，用竹竿或带弹性的木杆敲击果实所在的枝条或直接击落果实，自上至下，从内向外顺枝敲击，这是目前我国普遍采用的方法，较费力费工。该法的技术要点是，避免损伤枝芽，影响翌年产量。

2. **机械振动采收法**　采收前10~20天，在树上喷布0.05%~0.2%乙烯利催熟（乙烯利原液一般为40%，按比例稀释为使用浓度即可），然后用机械振动树干（图11-2）或振动主枝（图11-3），使果实振落到地面。此法的优点是青皮容易剥离，果面污染轻，缺点是因用乙烯利催熟，往往会造成叶片大量早期脱落而削弱树势。国外多采用此法。

目前，我国核桃产区早采现象相当普遍，有的地方8月初就采收核桃，从而成为影响核桃产量和降低坚果品质的重要原因之一，应该引起各地足够重视，制定统一采收适期。

图 11-2　摇树机

图 11-3　便携式摇树机

二、 采后处理

（一）采收加工

1.脱青皮

（1）机械脱皮法。果实量较大，建议用核桃脱皮清洗一体机（图11-4）去皮，不仅可以提高效率，更重要的是可以减少果实的霉变率，大大提高坚果的质量。

（2）乙烯利脱皮法。果实量较少时用此法，采后在浓度为0.3%~0.5%乙烯利溶液中浸蘸约30秒，再按50厘米左右的厚度堆在阴凉处或室内，在温度为30℃、相对湿度80%~95%的条件下，经5天左右，离皮率可高达95%以上。若果堆上加盖一层厚10厘米左右的干草，2天左右即可离皮。乙烯利催熟时间长短和用药浓度大小与果实成熟度有关。果实成熟度高，用药浓度低，催熟时期也短。此法不仅时间短、工效高，而且还能显著提高果品质量。注意在应用乙烯利催熟过程中，忌用塑料薄膜之类不透气材料蒙盖，也不能装入密闭的容器中。

（3）堆沤脱皮法。果实量很少时可用此法，是我国传统的核桃脱皮方法。其做法是：果实采收后及时运到室外阴凉处或通风的室内，切忌在阳光下暴晒，然后按50厘米左右的厚度堆成堆，堆沤时间的长短与成熟度有关，成熟度越高堆沤时间越短。一般堆沤7天左右，当青果皮离壳或开裂达50%以上时，即可用棍敲击脱皮。堆沤时切勿使青皮变黑，甚至腐烂，以免污液渗入壳内污染种仁，降低坚果品质和商品价值。

2.坚果洗涤

核桃脱青皮后，如果坚果作为商品出售时，为了提高核桃的外观品质和商品价值，脱皮后要及时进行洗涤，清除坚果表面上残留的烂皮、泥土和其他污染物。

坚果量少时一般采用人工洗涤，将脱皮的坚果装筐，把筐放在水池中，用竹扫帚搅洗。在水池中洗涤时，应及时换清水，每次洗涤5

图11-4 核桃脱皮清洗一体机

分钟左右；洗涤时间不宜过长，以免脏水渗入壳内污染核仁。洗后在席箔上晾晒即可。以出口为目的的商品坚果，洗涤后还要漂白。坚果量大时建议购置脱青皮机，选择脱皮洗涤一体的机器。洗后棚架晾晒或机械烘干。

3. **坚果干燥** 贮藏的核桃必须达到一定的干燥程度，以免水分过多而霉烂，坚果干燥是使核桃壳和核桃仁的多余水分蒸发掉。坚果含水量随采收季节的推迟而降低。干燥后坚果含水量应低于8%。含水量高于8%的坚果，核桃仁易生长霉菌。生产上以内隔膜易于折断为粗略标准。美国的研究认为，核桃干燥时的气温不宜超过43.3℃，温度过高使核桃仁内含的脂肪酸败，杀死种子，并破坏核桃仁种皮的天然化合物。因过热导致脂肪变质，有的不会立即显示出，而在贮藏后几周，甚至数月后才能发现。目前，坚果漂洗后国内主要采用以下两种干燥方法：

（1）自然晾晒法。洗好的坚果可在竹箔或高粱秸箔上阴干半天，待大部分水分蒸发后再摊放在芦席或竹箔上晾晒，切不可在阳光下暴晒，以免核壳破裂，核仁变质。坚果摊放厚度一般为6~8厘米（2层果），以免种仁背光面变为黄色。注意避免雨淋和晚上受潮。一般晒5~7天即可。判断干燥的标准是，坚果碰敲声音脆响，横隔膜易于用手搓碎，种仁皮色由乳白变为淡黄色，种仁含水率不超过8%。

（2）火炕烘干法。秋雨连绵时，可用火炕烘干。坚果的摊放厚度以不超过 15 厘米为宜，过厚不便翻动，烘烤也不均匀，易出现上湿下焦；过薄易烧焦或裂果。

1）烘烤温度。烤房温度以 25~30℃为宜，但要打开天窗，排出水蒸气。当烤到四五成干时，关闭天窗，将温度升至 35~40℃；待到七八成干时，将温度降至 30℃左右；最后用文火烤干为止。

2）翻动适度。果实上炕后到大量水汽排出之前，不宜翻动果实；经烘烤 10 小时左右，壳面无水时才可翻动，越接近干燥，越勤翻动。最后阶段每隔 2 小时翻动 1 次，检查是否达到干燥的标准。

3）烘干设备。采用核桃烘干设备烘干，更便捷、环保、高效。目前多为热泵烘干机（图 11-5）和烘干房（图 11-6）。

图 11-5　热泵烘干机

图 11-6　烘干房

目前美国普遍采用固定箱式（图 11-7）、吊箱式或拖车式干燥机，加热至 43.3℃的热风，以 0.5 米 / 秒左右的速率吹过核桃堆，使坚果逐渐脱水干燥。

图 11-7　箱式干燥机

（二）贮藏

核桃贮藏一般采用普通室内贮藏和低温贮藏 2 种方法。

1. 普通室内贮藏法　即将晾干的核桃装入布袋或麻袋中，放在通风、干燥的室内贮藏或装入筐（篓）内堆放在阴凉、干燥、通风、背光的地方贮藏。为避免潮湿，最好在堆下垫石块，而且能防鼠害。少量种用核桃可装在布袋中挂起来，此法只能短期存放，过夏容易发生霉烂、虫害和有哈喇味。

2. 低温贮藏法　长期贮藏核桃应在低温条件下。大量贮藏可用麻袋包装，贮藏在 0~1℃的低温冷库中，效果好。在无冷库的地方，可用塑料薄膜帐密封贮藏，选用 0.2~0.23 毫米厚的聚乙烯膜做成帐。帐的大小和形状可根据存贮数量和场地条件来设置。帐内含氧量在 2%以下。如贮量不多，可将坚果封入聚乙烯袋中，贮藏在 0~5℃的冰箱、冰柜中，可保存良好品质 2 年以上。南、北方因气候条件不同，贮藏方法亦各异。

（1）北方冬季气温低，空气干燥，秋季入帐的核桃，不需立即密封，待翌年 2 月下旬气温逐渐回升时再进行密封。密封应选择低温、干燥的天气进行，使帐内空气相对湿度不高于 50%~60%，以防密封后霉变。

（2）南方秋末冬初气温高，空气湿度大，核桃入帐时必须加吸湿剂，并尽量降低贮藏室内的温度。当春末夏初气温上升时，往帐内充二氧化碳或氮，可抑制核桃呼吸，减少损耗，防止霉烂。如果二氧化碳浓度达到 50% 以上或含氧量保持在 1% 左右，还能防止油脂氧化而产生的酸败现象 (俗称哈喇味) 及虫害。

一般长期贮藏核桃，其含水率不得超过 7%。在低温（1.1~1.7℃）条件下贮藏核桃仁，可保持 2 年不腐烂。

在贮藏核桃时，常发生鼠害和虫害。一般可用溴甲烷（40 克 / 米^3）熏蒸库房 3.5~10 小时，或用二硫化碳（40.5 克 / 米^3）密闭封存 18~24 小时，防治效果显著。

第十二章　文玩核桃

核桃自古以来就是吉祥的化身，核谐音"和（合）"，寓意阖家幸福安康、和和美美、和气生财、百年好合，古有"核桃制品摆放家中可神灵镇宅、吉祥好运、逢凶化吉"之说。因此，人们对核桃的偏爱表现在诸多方面，其中最典型的就是将核桃的不同种类，赋予了特殊用途——文玩核桃。

文玩核桃壳皮坚厚，种仁甚少，壳面多为沟纹纵横，花纹多样，由多年自然杂交和世代繁衍形成了丰富多彩的不同形状和沟纹的类型，适宜观赏、雕刻、挂件、收藏、馈赠和玩耍等，民间称之为"耍核桃"或"文玩核桃"。现代科学证明，揉玩核桃能延缓机体衰老，具有预防心血管疾病、避免中风、舒筋活血的功效。老年人于手中经常揉搓核桃，可锤炼大脑，减缓老化速度。近年来文玩核桃风靡大江南北，成为古玩市场中的新宠和佼佼者。

一、 历史渊源

自古多少朝代，上至帝王将相，才子佳人，下至平民百姓，无不为有一对玲珑剔透、光亮如鉴的核桃而自豪。特别是到清明两代，玩核桃达到了鼎盛时期。明天启皇帝朱由校不仅把玩核桃不离手，而且亲自操刀雕刻核桃。清乾隆皇帝不仅是鉴赏核桃的大家，据传还曾赋诗赞美核桃：掌上旋日月，时光欲倒流。周身气血涌，何年是白头？清末民初北京有民谣说：核桃不离手，能活八十九，超过乾隆爷，阎王叫不走。

到了清末，宫内玩核桃之风更甚。手中有一对好的核桃竟成了当时身份、身价及品位的象征。当时京城曾传言："贝勒手上有三宝，扳指，核桃，笼中鸟。"每逢皇上或皇后的生日，大臣们会将挑选出来的精品核桃作为祝寿贺礼供奉，揉手核桃的价值由此可见一斑。

宫内揉核桃之风，自然也影响到社会。民间将人分几类，将把玩核桃的排在首位，即：文人玩核桃（文玩核），武人玩铁球，富人揣葫芦，闲人去遛狗。在百姓安康、生活无忧的今天，把玩麻核桃成为自我保健、陶冶情操、沟通交友、敬老馈赠的一种新的文化和时尚，随着不断丰富的文化内涵，文玩核桃已成为文玩市场中一大亮点。

二、　　种类

义玩市场的核桃主要有三大类：东北主产的秋子、云贵川等地的铁核桃和京津冀晋一带的麻核桃。按树种分，目前市场上见到的有东北的秋子，云贵川的铁核桃，西北的灯笼、公子帽，河北的鸡心，京津周边的狮子头五大种系。

（一）铁核桃

铁核桃主要有：蛤蟆头（图 12-1）、元宝、铁球等。

图 12-1　蛤蟆头

（二）楸子

楸子主要有枣核（图 12-2）、白菜、灯笼、鸭子嘴儿、鸡嘴儿、鹰嘴儿（图 12-3）、子弹头儿、楸子桃心等。

图 12-2　枣核　　　　　　　　　图 12-3　鹰嘴儿

（三）麻核桃

麻核桃的主要品种有狮子头（图 12-4）、官帽（图 12-5）、公子帽（图 12-6）、鸡心（图 12-7）、虎头、罗汉头等，其中前四种是四大名品。

另外，铁核桃、楸子和麻核桃中都有异型：主要是指核桃在自然的生长环境中外形上的变异，如双联体（双棒）（图 12-8）、三棱儿、四棱儿（图 12-9）等。

图 12-4　狮子头　　　　　　　　图 12-5　官帽

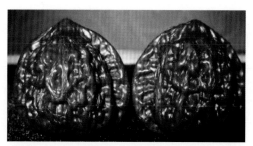

图 12-6 公子帽

图 12-7 鸡心

图 12-8 双联体

图 12-9　四棱儿

（四）猴头核桃

猴头核桃属黑核桃，分量很轻，没有明显的边、底座，纹理简单，多是用来做雕刻（图 12-10）或手链（图 12-11）。

图 12-10　猴头核桃雕刻品

图 12-11　猴头核桃手链

（五）吉宝和心形核桃

吉宝和心形核桃又称鸡宝核桃，个小且纹路很浅，多是做手机挂坠或者手链（图 12-12）等。

图 12-12 心形核桃手链

三、 鉴赏

核桃的古朴与淳厚，不媚不俗，与文人的气质十分相近。文人玩核桃视为"雅趣"，参与其事者视为"风雅之举"。

现代人的观念和兴趣在于自然。如美玉之雕琢、金银之铜臭、钻石之稀有等都不符合今人的自然和谐之审美观点。而核桃的自然纹理、天然皱脊等，则非常符合现代的审美观念。斑驳的纹理，鬼斧神工，与自然浑然一体，符合今人的艺术欣赏眼光，是收藏爱好者的首选之物。

鉴赏核桃多从质、形、个、色、配等方面综合考虑："质"好的核桃质地细腻坚硬，碰撞起来新核桃声音瓷实，手感沉。老核桃揉起来如羊脂玉一般细润，碰撞如同金石。"形"指的是把玩核桃的纹路和配对，两个核桃越接近越珍贵；纹路的疏密、分布，边的宽度和厚度，是衡量把玩核桃的一个重要因素。"色"是说不同时期的核桃呈现出来的不同颜色，年代久远的核桃会呈现红玉般透明的颜色。"个"是指核桃的个头。"配"是指配对，包括大小、纹路、倾斜度，甚至纹的走向等。非常匹配的一对文玩核桃才能赏心悦目，历史上有"百里难挑一，万中难成对"之说。

四、 雕刻

核桃雕刻艺术是核桃艺人巧妙地利用果核上的纹理，经过揣形摹象，精心设计，雕刻出生动有趣的客观物象，使作品疏朗、剔透，主题集中，或人物亭阁，或鸟兽虫鱼，无不生动有趣，宛如巧夺天工的诗画：看去如云龙腾飞、百鸟朝凤、十八罗汉、竹林七贤、葫芦万代、龙虎斗、百犬图等，栩栩如生跃于壳面，百赏不厌，耐人寻味，如若把玩经久，岁月流长，则其声如牙似玉，其颜红润细腻，如夜明珠般晶莹剔透，令人爱不释手，实为我国核桃文化艺术之瑰宝（图12-13至图12-15）。

图 12-13　麻核桃雕刻品

图 12-14　黑核桃雕刻品

图 12-15　楸子雕刻品

五、 切片工艺品

　　利用核桃楸和麻核桃果壳坚硬、天然镂空、花纹优美等特点，通过切片、磨光、加工、设计、黏结等工序制作出各种各样的工艺品，或精致典雅的摆件，或栩栩如生、赏心悦目兼实用性的物件，使核桃壳变废为宝成了"金"壳（图12-16）。

图12-16　核桃壳制作的各种工艺品

附　录

核桃高效栽培技术周年管理历（河南省）

月份	节气	物候	主要工作内容	技术措施要求
1~2月	小寒 大寒 立春 雨水	休眠期	（1）改良土壤 （2）采接穗	（1）刨树盘改良土壤 （2）继续进行清园工作。刮老树皮，刮腐烂病斑 （3）采集接穗，沙藏
3月	惊蛰 春分	萌芽前	（1）追肥、灌水 （2）树干涂粘胶环 （3）病虫害防治	（1）秋季未施基肥的地块，补施基肥，以人粪尿或农家肥等基肥为主，施后灌水。对土壤较瘠薄的地块可适量补充化肥。修树盘，浇萌芽水（对干旱缺水的地块可覆黑地膜保水防杂草） （2）树干涂10厘米宽的粘虫带，粘住并杀死上树的草履蚧小若虫，树干刮平绑上一块塑料布 （3）病虫害防治： 　　1）萌芽前喷3~5波美度石硫合剂可防止核桃黑斑病、炭疽病、腐烂病、螨类、蚧壳虫 　　2）腐烂病严重的核桃园要刮除病斑，涂树腐灵或倍量石硫合剂
4月	清明 谷雨	萌芽 开花 展叶期	（1）预防霜冻 （2）疏除雄花 （3）高接换优 （4）病虫害防治	（1）4月上旬雄花未膨大期，可疏除80%~90%的雄花芽，中下部多疏，上部少疏 （2）多注意天气情况，有霜冻时点火熏烟，防晚霜 （3）高接换优（插皮舌接或插皮接） （4）病虫害防治 　　1）人工或黑光灯或安放糖醋盆诱杀金龟子 　　2）防治舞毒蛾、草履蚧壳虫，可喷苦参碱或除虫菊酯 　　3）防治黑斑病、炭疽病可喷倍量式波尔多液1~2次 　　4）防治腐烂病可喷4%800倍农抗120

月份	节气	物候	主要工作内容	技术措施要求
5月	立夏 小满	果实膨 大期	（1）夏季管理 （2）病虫害防治	（1）高接树进行除萌、放风 （2）5月中旬进行夏剪疏除过密枝，短截旺盛发育枝，增加枝量，及早扩大树冠，培养结果枝组 （3）降雨后进行中耕除草 （4）核桃举肢娥防治，树盘覆土阻止成虫羽化，用性诱剂监测举肢娥的发生，喷苦参碱、阿维菌素防治 （5）用频振式杀虫灯、糖醋液诱杀桃蛀螟和举肢娥成虫
6月	芒种 夏至	花芽分化及硬核期	（1）芽接 （2）追肥 （3）中耕除草 （4）病虫害防治	（1）6月是芽接，采用大方块芽，接穗随采随接，接后留2~3片复叶，萌动后再次剪砧 （2）高接树绑支架 （3）花芽分化追施复合肥，也可叶面喷肥 （4）中耕除草，用草覆盖树盘或翻压地下 （5）防治病虫（黑斑病、炭疽病、叶枯病），地面药剂封闭处理。喷药的时期应根据各种病虫害的发生发展规律抓住关键防治期进行喷药。叶斑病喷杀菌剂加农用链霉素或青霉素
7月	小暑 大暑	种仁充实期	（1）果园管理 （2）病虫害防治	（1）芽接后及时进行除萌蘖、解绑 （2）捡拾落果，采摘虫果、病果集中深埋 （3）刺娥、瘤蛾、核桃小吉丁虫用苦参碱或除虫菊酯防治。核桃褐斑病用倍量式波尔多液防治
8月	立秋 处暑	成熟前期	（1）排水 （2）叶面喷肥 （3）病虫害防治	（1）叶面喷肥：0.3%磷酸二氢钾1~2次 （2）核桃瘤蛾二代、缀叶螟、刺娥用苦参碱防治；桃蛀螟用糖醋液诱杀 （3）旺枝摘心，以缓生长势

月份	节气	物候	主要工作内容	技术措施要求
9月	白露 秋分	核桃 采收期	（1）适时采收，采后加工处理 （2）施基肥	（1）果皮由绿变黄，部分青皮开裂时采收，避免过早采收，采后及时脱青皮，清水冲洗，及时晾晒 （2）幼树株施 5~10 千克；大树株施 100~200 千克农家肥。或按产千克果施 2 千克肥计算
10月	寒露 霜降	落叶 前期	（1）修剪大枝 （2）树干涂白防冻、防病虫 （3）注意对大青叶蝉的防治 （4）病害防治	（1）修剪疏除过密大枝，剪除干枯枝、病虫枝，回缩衰老枝 （2）树干涂白剂的配方：生石灰5千克、硫黄0.5 千克、食用油0.1 千克、食盐0.25 千克、水20 千克，搅拌均匀 （3）大青叶蝉10月上旬在核桃枝干上产卵，注意防治。 　1）产卵前树干涂白，阻止产卵 　2）霜降前后喷苦参碱防治 （4）腐烂病、枯枝病、溃疡病刮除病斑，刮口涂 1% 的硫酸铜液或 10% 碱水
11~12月	立冬 小雪 大雪 冬至	休眠期	（1）秋耕 （2）清园 （3）浇防冻水	（1）树盘深翻 20~30 厘米 （2）清扫枯枝落叶，深埋 （3）土壤上冻前浇防冻水

参考文献

［1］罗秀钧，魏玉君.优质高档核桃生产技术.郑州：中原农民出版社，2003.

［2］魏玉君.薄皮核桃.郑州：河南科学技术出版社，2006.

［3］吴国良，段良骅.现代核桃整形修剪技术图解.北京：中国林业出版社，2000.

［4］郝艳宾，齐建勋.图解核桃良种良法.北京：科学技术文献出版社，2013.

［5］王贵.现代核桃修剪手册.北京：中国林业出版社，2014.

［6］王天元，王昭新.核桃高效栽培.北京：机械工业出版社，2013.

［7］张志华，王红霞等.核桃安全优质高效生产配套技术.北京：中国农业出版社，2009.

［8］高新一，王玉英.果树整形修剪技术.北京：金盾出版社，2015.

［9］张传来，苗卫东，等.北方果树整形修剪技术.北京：化学工业出版社，2011.

［10］宋梅亭，冯玉增.核桃病虫害诊治原色图谱.北京：科学技术文献出版社，2010.

［11］曹挥，张利军.核桃病虫害防治彩色图说.北京：化学工业出版社，2014.

［12］裴东，鲁新政.中国核桃种质资源.北京：中国林业出版社，2011.

［13］张日清，李江.我国引种美国山核桃历程及资源现状研究.经济林研究，2003（4）.

［14］肖良俊，马婷.云南省核桃主产区气候因子分析.广东农业科学，2013（9）.

［15］邓金龙.我国核桃生产现状及发展策略.林产工业，2016（10）.

［16］罗明英，戴俊生．世界核桃生产形势与贸易格局．世界农业，2014（10）．

［17］蒋建兵，王玺．世界核桃产销形势分析．山西果树，2012（1）．

［18］邓金龙．我国核桃生产现状及发展策略．林产工业，2016（10）．